U0170845

中国烹饪通史

中国烹饪协会◎编著
张海林◎主编

中国商业出版社

图书在版编目（CIP）数据

中国烹饪通史. 第三卷 / 中国烹饪协会编著；张海林主编. -- 北京 ：中国商业出版社，2022. 11
ISBN 978-7-5208-2279-4

Ⅰ. ①中… Ⅱ. ①中… ②张… Ⅲ. ①烹饪-历史-中国 Ⅳ. ①TS972. 1-092

中国版本图书馆 CIP 数据核字（2022）第 202255 号

责任编辑：吴　倩

中国商业出版社出版发行
（www. zgsycb. com　100053　北京广安门内报国寺 1 号）
总编室：010-63180647　编辑室：010-83128926
发行部：010-83120835/8286
新华书店经销
三河市天润建兴印务有限公司印刷
*
710 毫米×1000 毫米　16 开　12. 5 印张　168 千字
2022 年 11 月第 1 版　2022 年 11 月第 1 次印刷
定价：48. 00 元
*　*　*　*
（如有印装质量问题可更换）

前 言

今年4月初，在中国烹饪协会第七届理事会第三次会议上，我当选协会会长，很多老领导、海内外的餐饮同人和朋友给我发来了贺信和问候，河南省餐饮与饭店行业协会张海林会长在祝贺的同时，也着重说到了由他担任主编的《中国烹饪通史》编修进展情况。

2012年因为工作变动，我已不在中国烹饪协会任职。虽然身在其外，但浓厚的感情使我仍非常关注协会。我知道，编辑出版《中国烹饪通史》，是中国烹饪协会第六届理事会确定的大力推进饮食文化弘扬传承工作的具体目标之一。而挖掘、梳理、弘扬、传承、发展中华饮食文化，更是中国烹饪协会成立以来始终不渝的重点工作之一。我自20世纪90年代初来协会工作，对此感同身受，在姜习、张世尧、苏秋成、林则普等老领导的带领下，协会的弘扬饮食文化、传承烹饪技艺工作风生水起，成效显著。保持协会这一优良传统和工作作风，将填补空缺的《中国烹饪通史》编成，是当代餐饮工作者树立文化自信的具体体现，是我们义不容辞的责任。

习近平总书记多次强调，中国特色社会主义文化，源自中华民族五千多年文明历史所孕育的中华优秀传统文化。在五千多年文明发展中孕育的中华优秀传统文化，积淀着中华民族最深沉的精神追求，代表着中华民族独特的精神标识，是中华民族生生不息、发展壮大的丰厚滋养，是中国特色社会主义植根的文化沃土，是当代中国发展的突出优势，对延续和发展中华文明、促进人类文明进步，发挥着重要作用。而作为中华优秀传统文化重要组成部分的中国烹饪，更是源远流长，博大精深。将其发展脉络和核心精髓准确、真实、全面、完整地厘清，进而合理继承、创新发展中华烹饪文明，可以促进当代中国餐饮经济的发展。因此，《中国烹饪通史》的编辑出版，可以说是功在当代、利在千秋。

以通史的方式阐述中国烹饪的发展脉络，殊为不易。因编写经验或知识上的欠缺，书中或有不足和缺点，敬请读者指正。借此也向开启《中国烹饪通史》编修工作的姜俊贤、傅龙成两位老会长致以崇高的敬意！向张海林主编等所有参与编写、审校、资料提供、出版以及给予大力支持和帮助的所有单位、个人，致以衷心的感谢！

中国烹饪协会会长　杨柳

2022 年 7 月于北京

《中国烹饪通史》编辑委员会

《中国烹饪通史》（第三卷）编辑部

主　　编：张海林

编　　审：靳中兴

参　　编：李光磊　毕继才　冯　亮　郭彦玲　杜素娟

王宝刚　杨电增　高敬严　陈梦雪　曹　蒙

王雪菲　彭　妍

供　　图：河南省博物院　山西省博物馆　晋国博物馆

济源博物馆　　华夏饮食文化博物馆

信阳市博物馆　固始县博物馆

总 序

“以木巽火，亨饪也。”（《周易·鼎》）烹饪的最初概念就是煮熟食物，就是摄取食物的行为，是人类制造食物的劳动。

当这种劳动行为形成一个从渔猎、采摘、养殖、种植、加工到进餐的体系和制度后，烹饪便成为人类生存、生产和生活的方式，成为一种文化和文明。

中国烹饪就是中国人的生存、生产和生活方式，是从生理需要升华为精神需要的社会文明，是中国传统文化的重要组成部分。

人类的生存是以摄取食物为前提的。而摄取食物的方式则肇始着、表现着、演绎着人类的文明进化程度，并决定着、影响着人类社会的走向与未来。从历史唯物主义的观点而言，中国的烹饪在一万年左右的时间内保障了汉民族形成前后的生存和繁衍，并影响着中华民族群体内的其他少数民族，更在近现代的文明交流中日益彰显出、发挥出其独有的文化内涵和张力。

一

中国的烹饪称作中国烹饪并非仅以疆域和区划而定名。如果说它最初形成于中华历史上的“国之中”和“中之国”，但此后的演变则使其成为脱离了地理概念的一种文化现象。这就是说，中国烹饪是以中国哲学为内涵、以中国文化为表现的一种生存、生产和生活方式，是人类历史上极具文明价值的文化存在。从另外的角度来诠释，中国烹饪是摄取食物的行为，却又突破了这种行为，在与客观世界的交互中摆脱了形式逻辑的桎梏，完成了从生理需要的个体活动到精神需要的社会活动的升华。

从辩证唯物主义的立场研判，首先是生理的需要决定着人类的行为，促进着社会生产力的发展。但当这种行为和生产力发展的程度足以形成一种意识形态的体系时，它对人类的行为和社会生产力的发展趋势则起着指导性、决定性的作用。据此来研究中国烹饪的发展历程，则必然要探究食物的来源和获取的手段，加工、熟制的手段与工具，进食的方法与方式，观念的形成及理论的完备，从而揭示中国烹饪发展的客观过程和基本规律所在。

人类的食物来源有自然选择即狩猎与采集，也有主观培育。而烹饪初成体系后，主观培育所包括的对野生动、植物的驯化、养殖和种植，成为了获取食物的主要手段。就中国烹饪产生的早期而言，囿于斯时斯地的地理、气候、物产，谷物的采集和种植当为先人食物的主要成分。新郑裴李岗所出土的诸多石碾和贾湖、半坡、姜寨、庙底沟、大河村等文化遗址所发现的大量储藏谷物的窖穴都是佐证。以粟、稻为主要代表的谷物也决定着加工、熟制的手段与工具，地灶、陶灶、陶釜、陶鼎、陶鬲、陶甑、陶鏊的单用和组合使用，产生了煮法、蒸法、烙法，粥、饭、饼成为主要食品。由于陶器的炊、食共器和食余的发酵，也衍生了酿法，产生了酒。夏、商以降，铜器产生并广泛使用，工具、器皿的硬度、锋利度、容积和烹饪温度都得到了大幅提高，这就使动物性原料的有效分割与蒸、煮成为可能，肉羹出现使膏脂的分离也得以完成，并由此产生煎、炸两法。铜甗的使用提高了蒸法的适应范围及质量、效率，蒸肉成为一品，粟、黍、稻皆可成饭，凝结度和口感也大幅改善。炊器、食器的基本分离，使釜、鼎、甗之类凸显出专业性，从而扩大口径、提高容积，发挥出更高的效率。安阳殷墟、小屯出土的司母戊大方鼎和三联甗当属确证。应该说，在承袭了新石器时代的火上燔、石上燔、煻灰煨，并经历了五千多年的陶烹、铜烹两个时代后，中国烹饪形成了一套加工、熟制食物的技术体系。其基本技法为灰煨、炙、烤、蒸、煮、烙、煎、炸、酿、腌、渍、熏，其中腌、渍、熏是由原料储藏而演变出来的技法。也就是说，这些技法已经能够将所有可获取的动植物原料和调味所需的矿物性、动物性、植物性配料，加工、制作成食物、调料及饮料。

如果以管窥豹的话，《周礼》《左传》等史书所收录记载的羹[①]，五齑[②]（昌本、脾析、蜃、豚拍、深蒲），七菹[③]（韭菹、茆菹、葵菹、落菹、菁菹、芹菹、笋菹），八珍[④]（淳熬、淳毋、捣珍、渍、炮豚、熬、糁、肝膋）和熊蹯、脍鲤、蒸豚、炙鱼、羸醢、蟹胥、胹鳖、鹄酸、煎鸿、蜜饵、冻饮、琼浆等可见一斑。

进食进餐的方法、方式，统称为饮食文明，也是人类文明程度

① 羹，是煮肉（或菜）熬成的汁，食用时可适量添加盐梅、菜等调料，故后人也称制羹为调羹。《说文解字》谓羹：五味盉羹也。盉，同和。《礼记·少仪51》曰：“凡羞有湇者，不以齐。”意思就是，凡佳肴中有大羹的，不加佐料调和。

② 五齑，齑同齐，细切为齑，五齑即昌本、脾析、蜃、豚拍、深蒲。

③ 七菹，《周礼·天官·冢宰第一·醢人》：“凡祭祀，共荐羞之豆实，宾客、丧纪亦如之……王举，则共醢六十瓮，以五齑、七醢、七菹、三臡（ni，带骨的肉酱）实之。”郑玄注：“七菹：韭、菁、茆、葵、芹、菭、笋。”

④ 周八珍，见郑玄注；〔唐〕贾公彦疏，黄侃经文句读：《周礼注疏》，上海古籍出版社，1990年版第56页．炮豚，见王文锦译解.《礼记译解 上》. 北京：中华书局，2001年版。

的一个标志。从污尊抔饮[①]、手撕嘴啃到刀、叉、匙并举，实现了从野蛮到文明的跨越。中国烹饪以自己特有的技术和菜品催生出“箸”这种独特的进食工具，在铜器时代到来以后，一箸一匙已经可以完成所有的饮食活动。同样是以中国烹饪为基础，进食的方式也完成了一个从新石器时代的共食、分餐到陶器时代的分食、分餐再到铜器时代的共餐、分食、分饮的蜕变，诞生了筵席、宴会这种餐、食、饮的方式和礼仪。

二

陶器时代受陶器的器型和炊食共器所限，进食的方式是分食、分餐。部落中的食物原料分配以后，再以最小的宗亲单位自烹自食，部落首领居住地的大型火塘应该是在重要节点时聚会所用。铜器使用以后，炊、食基本分离，开始了专业人员、专业器皿提供的饮食服务，共餐、聚餐成为具有仪式感的部落聚会，亦成为部落、社会中其他重要活动的主要内容之一。经过一个时期的发展、积累，便形成了为某种目的而举行，以饮酒为中心，按一定程序和礼仪进行，提供一整套菜品，提供歌舞服务的筵席、宴会。筵席、宴会是中国烹饪技术与菜品水平的集中表现，不同时期、不同阶层、不同地域的筵席、宴会，是这个时期、这个阶层、这个地域中国烹饪的技术与菜品、酒浆能够达到的最高水平。筵席、宴会也是中国饮食文明、

① 污尊抔饮。礼记·礼运“燔黍捭豚，污尊而抔饮”。意为上古时代人们吃饭只是用手撕开小猪与黍米一起烧烤，在地上挖个小坑储水，用手捧来喝。——王文锦译解.《礼记译解 上》. 北京：中华书局 2001 年版，第 290 页。

中国文化的代表，在中国的人际交往、社会活动中发挥了无可替代的作用，是中国烹饪之所以成为中国人生存、生产和生活方式的权重所在。

中国人饮食观念的形成自然是基于中国人食物的来源和获取的手段。中国烹饪成型后便固化了这些观念，并形成了一套理论体系。这套理论体系的核心内容还上升为治国理政的指导思想和中国哲学的基本教义。首先是阴阳五行论，在哲学的意义上，阴阳是对世界变化的一种抽象认识，水、火、木、金、土是对物质世界结构的具象认识，这些世界观的形成必然是建立在社会实践活动上的，而这些社会实践活动的主要内容就是摄取食物的活动，正是通过采集、狩猎、种植、养殖、加工、烹饪，中国人认识了自然、认识了世界，这也是斯时人类认识世界的重要途径。

中国人以阴阳看待包括人在内的客观存在，世界有阴阳之分，万物有阴阳之分，人体亦有阴阳之分。故中国烹饪将所有的原料以温热寒凉为基本属性进行分类。温热者为阳，食之助阳、养阳、驱寒；寒凉者为阴，食之滋阴、养阴、去热。但要顺应四时，把握人体之阴阳变化，热则凉之、寒者温之，即调燮阴阳，求中求和，方能奏效。五行又对应五味，水咸、火苦、木酸、金辛、土甘。五味又是在阴阳之下，温热寒凉的原料之味，酸辛多属温热，苦咸大都寒凉，甘则平和。五味之用，四时有别，春多酸、夏多苦、秋多辛、冬多咸、长夏宜甘，对应人体而言则是酸入肝、苦入心、辛入肺、咸入肾、甘入脾，但须中和有度，不能偏颇，在各味原料的使用、配伍上要以“五谷为养、五果为助、五畜为益、五菜为充、气味合而服之"[①] 为准则。这就是中国烹饪理论的基石——五味调和论。阴阳五行、五味调和理论的核心和精华所在是中、是和、是度，是顺应四时、道法自然。伊尹依此说商汤，作为治国理政的理论，老子依此作《道德经》，奠定了中国哲学的基础。我们现在很难确定这些理论成型于何时，也无专门的著述存在。只能从记载这些学说、成书于战国时期的《周礼》《礼记》《吕氏春秋》《黄帝内经》《道德经》等典籍中判断最迟在周代这些理论便已存在。依今天的眼光来看待，阴阳五行、五味调和理论中或许有粗疏、浅薄之处，逻辑亦不够严谨。但正是这些理论自有夏以来，保障了民族的健康、存续，至今还闪耀着真理的光辉。在这些理论指导下的中医、中药、中国烹饪以其强大的生命力，继续活跃在中国，影响着世界。

三

自先秦始，中国烹饪作为文化现象，是带有统治阶层属性的，是中上层社会所拥有的，具有长期的奴隶制文明、封建文明背景，但也在文化传播和交流中，一直保留着深刻的民族性。

从历史上看，"夫礼之初，始诸饮食"[②]，经历夏商之后，饮食之礼在周代趋于完备。春秋战国时期，新兴阶层的强势崛起，使得礼崩乐坏，周代食礼制度及其所包含的技术、品种走出了宫廷，这是中国烹饪文化的第一次辐射和扩散，被当时疆域内的各个阶层、各种势力所追求、所效学。不论是楚王问鼎的故事，还是礼失求诸

① 张介宾，杨上善，王冰注．黄帝内经素问三家注·基础分册［M］．北京：中国中医药出版社，2013.

② 〔清〕阮元校刻．十三经注疏（清嘉庆刊本）［M］．北京：中华书局，1980.

野的探寻，均可资证。

汉通西域，以胡冠名的食品和原料进入中国，中国烹饪的技术、品种也在这种交流中影响到域外。西晋以后，南北分治，衣冠南渡、五胡乱华，文化交流、民族融合，中国烹饪以“中”架构，兼容并蓄，覆盖南北，保证了自身的发展。隋唐两代，运河开通，国家强盛，商贾云集，四方物产、食俗汇聚神州，使中国烹饪文化以此为基础达到了一个新高度。北宋立国以后，都市商业极其发达，四海珍奇皆归市易，环区异味悉在庖厨，更因铁器和煤炭革新了炉灶，促进了高温爆、炒技术的发展与定型，使中国烹饪的技术、菜品、筵席进入成熟期，从而登上了巅峰。南宋立国，金据中原，以汴京餐饮为代表的中国烹饪文化主流南下杭州，泽被江淮、两广。南料北烹，同化南北，并变南咸北甜、中州食甘为南甜北咸并影响至今。元代，蒙古族的食俗、食品虽进入中原，却并未影响到中国烹饪的生存，只是将其诸多特色留在了中国烹饪的体系之内。明清两朝，政治中心北上，虽有番物、洋货、满族食风影响，但中国烹饪文化却在江淮保存了精华，并保持着高度，尤其是数次迁徙，客居东南沿海、广东岭南的中原氏族客家人保留传统、食俗不改，并把中国烹饪文化远播海外，验证了在文化交流中，一种文化现象距离母本越远，其保留的意愿越强烈的定理。

从技术或艺术的角度看，中国烹饪是标准的手工业劳动。新石器时代的石器打造者，点燃了烹饪文明的第一簇火苗，仰韶文化的彩陶则成就了烹饪技艺。自此，历夏、商、周三代，烹饪开中国手工技艺风气之先河。司屠宰之庖人，司制冰之凌人，司酱腌、调料之醯人，司肉酱之醢人，司酒类之酒人，司炉灶之烹人，司食盐之盐人，司干鲜果品之笾人，凡此种种，演绎出庖丁解牛、易牙辨味。于是，酒分清浊、席列八珍：三羹有和合之美，五齑则独具清鲜。烤、炸、炖、拌作炮豚、炮牂；五物入臼，捣珍出滑甘之丸；薄切酒醉，渍乃生食之珍；油网包炸，肝膋是条条如签。如此手艺，一脉相传。汉、唐庖厨，灶案分工，面活单列，蒸、煮、煎、炸，所谓咄嗟之脍、剔缕之鸡、缠花云梦之肉，生进鸭花汤饼、翠釜出紫驼之峰、素鳞行水晶之盘，乃一时佳肴，更有能将蒸饼“坼作十字”的开花馒头，一嚼“惊动十里”的寒具环饼，彰显着匠人之功。此后，北宋艺人，诸多留名，张秀号称“在京第一白厨”，梅家厨娘霜刀飞舞，脍盘如雪，是官厨一等高手。另有王家的梅花山洞包子、曹婆婆的肉饼、段家的爊物、薛家的羊饭、周家的南食和后来南迁杭州湖上的鱼羹宋五嫂，被逼北上燕京的炒栗李和儿子可谓代表。然而，更多的手工、手艺之人或南渡杭州，或被掳燕京，未能留名，只将他们的技艺留存在东、西、南、北的珍馐名馔之中。

中国烹饪之技艺几近玄妙。比如，酒的酿造是可以听可以看的，不须用鼻、用舌，听其声、观其花便知优劣生熟，也要用舌、用鼻，一尝、一嗅便知水出何处，这是厨人的功夫。刀锋所到，游刃有余，是心中有牛。人身为砧，切物成发，是人刀合一。在中国烹饪中，一是用火、一是用刀，都有极深的造化。庸厨用火，把握油温，拿捏老嫩，要靠肢体感觉。高手不然，全凭眼力，全靠心力，刹那之间，高下立分。用刀，则称刀功，刀功又是要修得刀感。己身为砧，轻重尚可知，他人之身为砧，也还能够传递，若在薄纸之上，若在气球之上，则全凭落刀之感，不允稍有闪失。故，一口锅、一只勺看似简单，但火口之上，煎、炒、烹、炸，颠、翻、晃、旋，万千变化在其中。要紧之处，眼到、心到、手到，玩火候于臂掌之中，其潇洒、其精确令人叹服。一把刀、一案俎，看似平常，但刀口之下，切、片、剞、錾，直、立、坡、拉，匠心独具。刀下之物，细则如发可穿针眼，薄似蝉翼能映字画，或玲珑剔透，或似雪似沙，如锦如绣，精美绝伦。面食、面点的制作又是一种功夫，和面使揉能任甩拉，和面之筋，切条能经车辆碾轧。擀杖之下，面皮其薄似纸，却可煮可烙。刀切之下，面条细如发丝，却能煮能炸。拉面，长万米而不断；面塑，人物、花鸟不在话下。包子能灌汤而不泄，油条能落地成为碎花。这种种技艺鬼斧神工，出神入化，常常无法用语言完全表达出来。

烹饪技艺的成就与精彩是手工艺人的心血所在，可是，这种精彩与成就有时候却是在生存的压力下，与苦难和血泪相连的。历史上，“胹熊蹯不熟”曾令庖厨丧命，“炙上绕发”几乎让宰人（厨人）掉了脑袋，“馄饨不熟”让饔人（厨人）进了监狱，“选饭朝来不喜餐，御厨空费八珍盘”的事情时有发生。封建统治者的穷奢极欲让庖厨之人承受着极大的压力，一些手工技艺、名馔佳肴都是在这种压力下练就的、成就的。今日已不食熊掌（熊蹯），但今日涨发、扒制熊掌的手艺却是昔日厨人以生命的代价换来的。诸如此类的干货涨发之技、腌货烹调之技、鲜活保鲜之技、刀法精细之功，是难以列举的。当然，这种把压力化为动力，又是追求精致、力臻完美成为烹饪匠人的执着所在。而烹饪技艺所具有的神韵，所传达的历史符号是任何机器所不能取代的。机器可以复制许多，可永远也不能复制艺术。艺术的个性、艺术的风格、艺术的韵味是人类不能被机器取代的重要特性。

中国烹饪作为民族的世界的优秀文化，和中华文明有着密切的关系。首先，它定型于夏、商、周三代的奴隶制文明时期，现存的《周礼》《礼记》等典籍的记载和出土文物，已经充分说明了这一点。如周代王宫中负责饮食的官员及操作人员包括供应、管理、加工、烹饪、器具、服务、食医等计 2300 多人，占全部宫廷官员的半数以上。其次，长期的封建社会文明是中国烹饪这个文明之果赖以生存的土壤。从一定意义上讲，统治阶级无休止的追求则是中国烹饪得以更多发展的主要动力。中国是个农业大国，也是人口大国，吃饭自然成为各个阶层最为关注的话题，统治者将食物的多寡、质量、食法、食具作为地位与权力的象征而竭力神化之、铺张之，征四方之能工巧匠在庖厨，罗天下珍奇于案俎。每个时期的统治中心必然是烹饪中心，是最高水平。被统治者则将统治者的食、食制，作为一种向往、一种目标去努力争取，并尽力仿效之。最后，以汉文明为主的各民族文化交流给中国烹饪以活力。从春秋战国的纷争，到南北朝的对立、五代十国的割据、外族的侵扰和入主中原，使代表各自地域文明的食风和食俗相互渗透、相互影响，又最终发展壮大了中国烹饪。且随着民族的步伐传播到东西南北，与当地的不同物候、条件相结合，形成了中国烹饪的诸多风格、流派与多姿多彩的局面。

所以说，中国烹饪是中华文明的重要组成部分，是中华文明的早期代表和先驱，是中华五千年传统文明的硕果之一。这就是中国烹饪与中华文明的关系。

四

中国烹饪的发展有着自己的基本规律。这个规律的形成是其发展的主要条件所作用所决定的，但在某种情况下，次要条件会在一定的时间内上升成为主要条件，并给事物的发展以方向性的影响。中国烹饪发展的主要条件是社会生产力发展的水平程度，这是它赖以生存、发展的经济基础，但是政治制度、民族斗争等上层建筑的部分同样会在一定的环境下、一定的时间内给中国烹饪的发展带来决定性的影响。

从根本上说，是社会生产力的发展促使了中国烹饪的产生。站在物质生产这个角度来看，如果没有火的利用，没有容器的产生和相应工具的制造就不可能产生中国烹饪。但是即使具备了这些条件而没有种植业、养殖业所提供的原料，中国烹饪也难以施展。中国烹饪的任何微小的提高与进步，都离不开社会生产力的发展和它能提供的各种条件。以简单的切割为例，原料的分解、分割，不论厨师的水平如何，石刀、陶刀、青铜刀、钢铁刀都是其中的关键。再如，高温爆炒的技法之所以诞生，前提是宋代铁器的广泛使用和煤炭的利用，改革了炉灶，提高了燃烧的效能比。所以中国烹饪发展的水平、方向取决于社会生产力发展的水平程度，这是一般规律。当然，由于物产、气候、交通条件所造成的地区之间烹饪水平的差异，实际上也是一个大国社会生产力发展水平不一致所造成的。

在生产力的发展决定中国烹饪水平这个一般规律下，政治因素也常常给中国烹饪以影响和制约。历史上的中国烹饪本质上是体现着统治阶级的文化。在统治阶级的追求下，中国烹饪常常处于一种畸形的状况中，严重地脱离社会生产力发展水平，并与人民群众的实际生活水平差距极大。历史上，不管是早期的奴隶主，还是后来的封建主都曾在饿殍遍地的情况下追求山珍海味、食前方丈，造成封建统治中心的烹饪水平与中小城市、广大乡村之间的极为悬殊的差距。此为其一。但是，在历史上的民族冲突中，文化落后的少数民族掌握了中央政权后，其一个时期的烹饪水平尽管有整个生产力发展的高度在，也会有倒退的现象。如金之代北宋，元之代南宋就使中原地区、江南地区的烹饪水平一度呈现下降的趋势。只是经过一段时间，当其本民族的食风、食俗在新的环境条件下，在汉文化的影响下调整、适应并融进了整个中国烹饪后，这种现象才得以改变。而政治中心（首都）变化以后，能工巧匠的被迫迁徙，人口的大量流动也都曾使一个地区的烹饪水平得以变化和提高。则为其二。其三是，社会生产力快速发展，但烹饪的发展却相对停滞，甚至出现某种形式的倒退。这种情况一般出现在历史上改朝换代的初期。统治者励精图治，以保社稷，不愿又不能奢华。如汉初的文景之治、唐初的贞观之治均为此例。可此种情况后又常常是变本加厉，因为整个社会的生产力水平提高，民间烹饪的基点提高，能给统治者提供更多的需要和更多的人才与技术的支持。但出于不同文明水平的统治阶层亦有相当的差异，北宋的皇室和清代的皇家就有绝对的高下之分，我们可以从宋皇的寿宴与慈禧的筵席比较中看出，同样的排场却是健康和腐朽之别。当然，任何一个朝代的统治者在走向没落之际，都是伴随着无度的奢靡与无知。

中华人民共和国成立以后，社会制度的性质发生根本改变，也促成中国烹饪的整体面貌发生变化。首先，中国烹饪从原来的主要为统治阶级和中上层社会服务，而转变成为大多数人民群众服务，这个历史性的转变就必然造成中国烹饪中某些不适应这个转变的部分随之发生变化，甚而消亡。随着社会生产力的快速发展，广大人民群众不再为温饱发愁，产生对社交餐饮和精神享受的需求后，中国烹饪就会进入一个新的发展高潮。其次，中国烹饪作为一种植根于中华民族文化的产物，随着社会经济的发展而发展，特别是改革开放以来，中国烹饪对西方餐饮兼收并蓄，取其精华，从而使中国烹饪呈现大发展、大繁荣局面。

综上所述，中国烹饪发展的基本规律是：中国烹饪作为一种文化现象，作为中华民族的生存、生产和生活方式，是在社会生产力的作用下，由低到高、由简入繁地呈阶段性的上升趋势，它从形而下的物质、生理活动到形而上的社会、精神活动，在和社会生产力同步发展的过程中受政治因素和其他上层建筑的制约与影响呈波浪形的起伏。这个起伏有时表现为挫折，有时表现为歧途，而怎样能经受起挫折而不误入歧途，正是我们必须向历史学习的。这也正是编修《中国烹饪通史》的意义之所在。

五

历史上，受多种主客观因素与条件的影响，对中国烹饪的认识处于相当尴尬的境地。一方面是须臾不可缺，另一方面是讳言之，进膳时要九鼎八簋，落笔时却不载一字。文明之初饮食为先，文化大成又弃之如敝屣。有近五千年编年史的中国，正史不载，野史不修。尤其是自宋以后，技艺、匠人的社会地位大幅下降，中国烹饪技术队伍的整体文化素质跌至谷底，厨师原本和中医师同出一支，却沦为两个社会阶层。烹饪理论的教学缺失，技艺的传承、品种、筵席的延续通常靠的是以师带徒、口传心授。虽有苏轼、袁枚等美食家一类的文人在，但少有系统、准确的理论建树、历史记载。存世所云，或语焉不详，或支离破碎，或一家之言，甚至是主观臆断、立场偏颇。即便如此，也仅见于某些类书集成和笔记小说，相对于博大浩瀚、万年之久的中国烹饪而言不过是雪泥鸿爪、凤毛麟角，给我们客观、全面、准确地认识中国烹饪及其历史带来了极大的困难。

然而，若不了解中国烹饪的过去，便不能认清中国烹饪的现实，更不能预见中国烹饪的未来。中国烹饪的基础理论，原料、技法、品种，筵席的产生、衍生、演变、兴衰都有着历史和现实的主客观条件，也有其政治、经济、文化背景，这些条件和背景还决定着、影响着它们未来的生存与延续。于是，用马克思主义、毛泽东思想的观点和历史唯物主义、辩证唯物主义的立场，依据历史学、考古学的已有成果，爬梳摭拾烹饪的历史文献记载，探究中国烹饪的基础理论，研究传世的烹饪文物、历史文化遗址，研究正在发生的烹饪实践，从而厘清中国烹饪的发展脉络和基本规律。这不仅是中国烹饪存续、发展的需要，是继承优秀的中国传统文化、捍卫民族文化安全的需要，是实现百年强盛中国梦、让中华民族崛起并复兴的需要，是历史和现实的需要，也是我们需要承担的历史和现实的责任。

我们处在一个全新的时代，中国的日益强盛和崛起，世界格局的多极变化，和平发展、全球化趋势成为主流，科技的进步使文化交流呈现出新局面，这些都成为中国烹饪面临的前所未有的机遇和挑战。在机遇和挑战面前，首先需要的是文化自信。历史和现实均已证明，中国烹饪是中华文明、民族文化的结晶，在经历了上万年

的孕育、产生、发展的过程后已经成为一个完整的体系，成为具有鲜明中华色彩的文化现象，它不仅在中国有着重要的地位，在整个人类的文明、文化史上亦是璀璨的一页。自汉、唐之际就开始的中外文化交流早已将它的影响远播世界，随着中国的国力日益增强，国际地位的大幅提高，中国烹饪作为一门吃的文化、吃的艺术已风靡全球。我们没有用筷子征服世界的狂想，但中国烹饪之菜品、筵席和它所遵循所代表的膳食结构能够保障人类的健康生存是不争的事实，而且越来越显示出它的正确、合理、优秀。不同国家的人也正是通过认识中国烹饪，改变、加深了对中国文化的认知和对中国悠久的历史文明的认同。毫无疑问，中国烹饪已成为整个人类所共有的文化遗产和财富。中国烹饪理论与实践所表现出的所强调的人类对自然环境的亲和与广泛利用，艺术化、文明化了人和自然的物质交换，将人类的饮食活动异化成为社交、精神、文化活动，都会成为人类的共识并践行，这就决定了中国烹饪的发展趋势。

中国烹饪的发展在历史上也多次被扭曲。落后的腐朽的世界观，奴隶制文明、封建制文明的糟粕都曾经加大、助长了它的无知与奢靡。兴之时如此，败之时尤甚。今日的中国在摈弃了落后文化、外来文化糟粕的影响后，政治、经济、社会都处在一个健康、稳定的发展期。种植业、养殖业、加工业、旅游业、科技产业长足进步，处在历史上的最高水平。社会政局安定，人民群众的生活水平日益提高，城镇化进程加快，中等收入阶层扩大、贫困人口减少，社交活动、商务活动急剧增加，信息技术突飞猛进、交通运输高度发达，商品流通一日千里，使果腹的需求、社交的需求、商务的需求、精神享受的需求都呈现出强势的增长，为餐饮经济的发展提供了稳固的基础和强有力的支持。在此背景下，中国烹饪要坚持文化自信，激浊扬清，以健康的理念、既有的原则去引领消费、服务消费。但适应需求不是顺应不良，中国烹饪的现实积累完全能够满足多样化世界的广泛需要。所谓的调整和创新都必须和历史上正确的方向、道路接轨，继承和创新是事物发展的必然路径，不是无源之水、无本之木，而坚持这种路径就能使中国烹饪融入新的原料、新的工具、新的炉灶、新的习俗、新的文化现象，从而走上新的阶段，实现新的繁荣。

从来机遇都是和挑战伴生的，全球化的趋势使疆域和民族的差异不再成为壁垒。西方的餐饮文明和食品工业在挑战着作为手工业工艺劳动的中国烹饪。多年前便有人断言：今日的世界和科学技术的发展，会使中国烹饪完全走上工业化、快餐化的道路，现代社会的生活节奏使人无暇滞留在餐桌前，中国烹饪的很多东西将被送进历史的博物馆。然而，这些判断已经并终将被中国餐饮经济的发展和中国烹饪的繁荣所完全否定。事实和根据有三：一是现代社会虽高度发展并被不同的文明所主导，但终究没有改变现实的社会是等级社会的基本面，不同的阶层在不同的时间、不同的需要下有着摄取食物的不同状态，果腹、社交、商务、精神层面的饮食需求不是快餐和食品工业能逐一满足的；二是对中国烹饪是中华民族的生存、生产、生活方式缺乏认识，对中国烹饪是艺术、是文化、是科学没有认识，反而将西方的餐饮文明视作圭臬，完全丧失了对民族烹饪文明的自信；三是对中国经济高速发展、人民生活水平快速提高缺乏估计，对经济发达后会增强对自身文化的回归与追求缺乏估计和前瞻。

中国的现实证明，有过扭曲、走过弯路的中国烹饪没有被来自任何方向的挑战和冲击摧毁，以中式餐饮品种为经营内容的简快餐行业，凭借门店、早夜市摊点、商场和景区的排挡及送餐企业基本保证了各个阶层的工间、居家、外出、旅游的各种果腹需要。商务活动、社会交往、小酌小聚、婚宴、寿宴、节日庆典还是以中式餐馆和中式筵席为主体来完成的。经历了调整的高端餐饮仍旧服务着高收入阶层的享受需要。中国的餐饮市场没有排斥任何西式餐饮、西餐企业，但西方的餐饮文化至今也没有成为中国人消费的主要方向。中国的食品工业为市场提供了众多的各类工业化、标准化的食品，但终究还是处于拾遗补阙的状况，某些产品如传统的方便面等更是被咄嗟可达的快递送餐抢占了大量的市场份额，并且会日益缩减。这些都说明，食品工业的高速发展，影响不了更取代不了各个社会阶层对中国烹饪所包含的菜品、筵席不断膨胀的需求。这和整个社会层面越是趋向标准化、统一化，人的个性需求就越来越强烈的趋向是一致的。人们在食用了大量的工业化方便食品后，对在餐桌前品尝风味各异的菜品就更加渴望。尤其是在温饱问题得以解决后，在经济的高质量发展使更多人能够支配自身的时间和选择时，走进餐馆，欣赏中国烹饪的艺术成果，一饮一酌，放松自己的身心，可能是许多人之所好。这将给餐饮业的经营以极大促进，也会使更多优秀的传统产品、传统技艺得到发掘、继承、改良和创新。

可以断言，中国经济的增长、中国政治的清明、中国社会的稳定，会使中国烹饪文化传统的继承与发扬，呈现不可逆转的趋势。在经历了拨乱反正的过程后，在可以预见的将来，中国烹饪会以新的面貌登上更大的舞台、扩展更大的空间。它将携带着中华民族文化的信息，以自己独有的魅力、张力和包容，影响着、感染着整个世界，以自己的方式弘扬中国优秀传统文化，为祖国的发展和强盛作出贡献。

愿这本《中国烹饪通史》能向历史和前人做个交待，也为现实提供一个镜鉴；能为我们窥见中国烹饪的未来，也为中国烹饪新的繁荣发展尽点滴之力。如此，则不负所有为此书面世付出和奉献的前辈与同人们！

张海林

2017 年 8 月于郑州

目　录

第八章　隋、唐、五代

（公元 581—960 年）

第一节　隋、唐的建立、统一与五代的纷乱

从公元 581 年隋文帝杨坚立国至公元 960 年五代的结束，共历 379 年。其间隋代 37 年，唐代 289 年，五代 53 年。在这 379 年中，隋代虽短，但其终结了三百多年的分裂、割据、南北对峙，为唐代的辉煌奠定了基础。而五代十国的 53 年则是另一个辉煌开创前的阵痛和前奏。

一、隋的建立和改革

公元 581 年 2 月，北周静帝禅让于丞相杨坚，北周覆亡。隋文帝杨坚定国号为“隋”，定都大兴城（今陕西省西安市）。公元 589 年，隋军南下灭陈朝，统一中国，结束了自西晋末年以来中国长达近 300 年的分裂局面。隋文帝统一大业完成后，一方面躬行俭朴，另一方面采取了许多有利于巩固政权的措施。在政治、经济、军事等方面，进行了一系列改革。废除了九品中正制，任用官员不限门第，唯才是举，通过考试以取士。整饬吏治，曾派人巡视河北五十二州，罢免贪官污吏二百余人，裁汰了地方冗员约十分之三。他还宽简刑法，删减前代的酷刑，制定隋律，简要刑律。经济方面，沿袭北魏的均田制，颁布均田法，定丁男分田八十亩、永业田二十亩。妇女则分露四十亩。又减免赋役，轻徭薄赋，与民休息。下令重新编订户籍，以五家为保，五保为闾，四闾为族。开皇初有户三百六十余万，平陈得五十万，后增至八百七十万。为积谷防饥，广设仓库，分官仓、义仓。官仓作粮食转运、储积用，义仓则备救济之需。又致力建设，在原长安城东南营建新都大兴城；开凿广通渠，自大兴引渭水至潼关，以利关东漕运。军事方面，鉴于南北朝晚期，突厥借强大的军事力量，不时侵扰北周、北齐。故隋立国后，隋文帝便兴兵攻打突厥，后来更采用离间分化策略，促使突厥分为东西两部，彼此交战不已，隋则得以消除北顾之忧。

正由于上述措施的推行，在隋文帝统治的二十多年间，政治较为清明，人口显著增加，府库较为充实，外患较少，社会呈现繁荣景象，史称“开皇之治”，该时期为隋朝的鼎盛时期。

公元604年，杨广杀文帝即位是为炀帝。营建东都（今河南省洛阳市），又修建贯通南北的大运河。开创了所谓万国来朝的“大业盛世”。然而修长城，营东都洛阳，接连两次发兵百万远征高丽。炀帝横征暴敛，穷兵黩武，骄奢淫逸，很快就掏空了隋王朝不厚实的家底，引发隋末民变。公元618年宇文化及等人在江都发动兵变缢杀隋炀帝，隋朝灭亡。

隋代虽短，但其在各个领域所进行的重大改革，如政治上初创三省六部制，巩固中央集权，正式推行科举制，选拔优秀人才，弱化世族垄断仕官的现象，建立政事堂议事制、监察制、考绩制，强化了政府机制，兴建隋唐大运河以及驰道改善水陆交通线；军事上继续推行完善府兵制，经济上实行均田制等都对后世产生了极大的影响。当时的周边国家如高昌、倭国、高句丽、新罗、百济与东突厥等国也皆深受隋代中国文化与制度的影响，其中以日本遣隋使最为著名。

二、唐的建立与辉煌

唐朝的国号为“唐”，曾是晋的古地名。唐高祖李渊的祖父李虎为西魏八柱国之一，被追封为“唐国公”，其后，爵位传至李渊。大业十三年（公元

617年）五月，唐国公李渊于晋阳以尊隋之名起兵，一路势如破竹，同年十一月占领长安，拥立代王杨侑为帝，改元义宁，即隋恭帝。李渊自任大丞相，进封唐王。义宁二年（公元618年）三月，隋炀帝死，五月，杨侑禅位于李渊，李渊称帝，建立唐朝，国号“唐”，改元武德，定都长安，唐初局势平定后，秦王李世民与太子李建成为了争夺皇位而展开了内部斗争。武德九年（公元626年）李世民发动玄武门之变，击杀相互勾结的李建成与齐王李元吉，控制了长安。李渊深知形势，于是禅让帝位，成为太上皇。李世民即位，是为唐太宗。

1. 贞观之治

唐朝初期，由于经历了长期战乱，国家经济遭到严重的破坏，人口也从隋朝大业初年的八百万户骤降至二百余万户。唐太宗从隋末民变中认识到群众的力量，吸取隋灭教训，重视百姓生活；留心吏治，选贤任能，知人善用，从谏如流，重用魏征等诤臣；采取了以农为本、厉行节约、休养生息、文教复兴、完善科举制度等一系列治世政策，使得社会出现了较为安定的局面；并大力平定外患，尊重边族风俗，促进了民族融合，稳固边疆，唐太宗则被四方诸国尊为“天可汉”。在其执政的贞观年间（公元627—649年），在君臣的共同努力之下，出现了一个政治较为清明、经济快速发展、社会安定、武功兴盛的局面，史称“贞观之治”，是为唐朝的第一个治世，为后来的开元盛世奠定了坚实的经济基础。

2. 永徽之治

唐太宗晚年，立第九子晋王李治为太子。贞观二十三年（公元649年），唐高宗李治即位。李治即位后对群臣宣布：“事有不便于百姓者悉宜陈，不尽者更封奏。自是日引刺史入阁，问以百姓疾苦，及其政治”①；太宗训令崇俭，唐高宗即召令：“自京官及外州有献鹰隼及犬马者罪之。”② 唐高宗君臣们萧规

① 〔宋〕司马光．资治通鉴·卷第一百九十九·唐纪十五［M］．北京：中华书局，1956.

② 〔后晋〕刘昫等．旧唐书——全16册［M］．北京：中华书局，1975.

曹随，照唐太宗时法令执行，故永徽年间，边陲安定，百姓阜安，有贞观之遗风，史称“永徽之治”。李治在位期间，唐朝的疆域最广，人口也从贞观年间的不满三百万户，增加到三百八十万户。

3. 武周代唐

唐高宗中期后，朝廷实权逐渐由武则天掌握。武则天原为唐太宗的才人，太宗死后被高宗召入宫中，后立为皇后，史称“素多智计，兼涉文史”。显庆五年（公元660年），李治因身体原因让她处理朝政，因此与唐高宗并称为“二圣”。公元683年唐高宗驾崩于紫微宫贞观殿，太子李显即位，是为唐中宗。公元684年，武则天因李显与之不合，将他废为庐陵王，另立四子李旦为帝，是为唐睿宗；同时改元光宅，并将东都洛阳更名为神都。公元690年，武则天平定徐敬业反叛，废唐睿宗，御则天门（紫微城正南门）即皇帝位，改国号为周（史称“武周”），定都洛阳，降李旦为皇嗣，成为中国历史上唯一的女皇帝。公元692年增设北都太原为陪都。

武则天掌权与称帝期间，科举制度得到进一步完善；她开创殿试和武举，打击关陇集团，大力提拔科举出身的官员，时称“北门学士”，很多来自中原、关东与江南等地的士人得到提拔，如狄仁杰、张柬之、张仁愿、姚崇等名臣。武则天称帝期间，社会文化艺术亦有所进步，当时佛教大兴，该时期佛寺兴建频繁，扩建的龙门石窟为其代表。史称“上承贞观，下启开元”。神龙元年（公元705年），敬珲和宰相张柬之等发动神龙政变，逼迫武则天退位，李显复位，恢复了大唐国号。将神都改回东都，废北都，恢复了两京并重的格局。李旦被立为相王。景龙四年（公元710年），韦皇后和安乐公主合谋毒杀唐中宗李显。李旦之子，当时是临淄王的李隆基，在太平公主协助下发动唐隆政变，拥立李旦复位。

4. 开元盛世

延和元年（公元712年），唐睿宗让位于李隆基，是为唐玄宗。李隆基登基以后整顿诸多弊政，在政治上提拔姚崇、宋璟、张嘉贞、张说、李元纮、韩

休、张九龄等贤臣为相，整饬腐败的吏治，并建立了一套监察制度，精简官僚，裁减冗官，设采访使，发展节度使制度，导致地方权力增大。经济上推崇节俭、抑制佛教，恢复几近荒废的义仓制度，又通过括户等手段缓解土地兼并导致的逃户问题。军事上改府兵制为募兵制，并兴复马政，对外收复了辽西营州及唐睿宗时期赐给吐蕃的河西九曲之地，并再次降伏契丹、奚、室韦、靺鞨等政权。西域方面吞并大小勃律并且攻灭突骑施，塞北政权方面降伏复国的后突厥，后又扶持回鹘剪灭后突厥。开元十一年（公元723年）置北都太原，然而"三都留守。两京每月一日起居。北都每季一起居"①。可见北都与长安洛阳两京的地位不等，是为陪都。唐玄宗统治下，唐朝国力空前强盛，逐渐步入盛世，史称"开元盛世"。

5. 安史之乱

唐玄宗改元天宝后，承平日久，开始放纵享乐，忽视国事。有"口蜜腹剑"恶名的李林甫为宰相长达十八年，使朝政日益败坏。李林甫死后，杨国忠为相，出现了宦官干政的局面，高力士的权势炙手可热。天宝十四载（公元755年）十一月，安禄山趁唐朝政治腐败、军事空虚之机，和史思明发动叛乱，次年十二月叛军攻入东都洛阳，唐玄宗率众逃至成都，史称"安史之乱"。太子李亨在灵武称帝，是为唐肃宗，唐玄宗被遥尊为太上皇。至德二载（公元757年）正月，河南节度副使张巡、睢阳太守许远等人率领军民坚守隋唐大运河咽喉、江淮屏障睢阳（今河南商丘），在睢阳之战，叛将尹子奇为报屡败损目之仇，使安庆绪前后大军几十万人被睢阳城四千名守将所牵制。此次睢阳之战长达十个月之久，如此方使唐朝能够反攻，使郭子仪能够从容收复两京。同年增设凤翔、成都两座陪都而形成五京制格局，公元762年后结束五都制。长达八年时间的安史之乱使得唐朝元气大伤，人丁锐减，土地大量荒芜，藩镇割据的现象形成，并从此由盛转衰。

---

① 〔宋〕王溥．唐会要·卷六十七·留守［M］．北京：中华书局，1960.

6. 元和中兴

公元806年，唐宪宗李纯即位，年号元和。其即位后，经常阅读典籍实录，每读到贞观、开元等文献，他都仰慕不已。唐宪宗以祖上圣明之君为榜样，总结历史经验，注重发挥群臣的作用，敢于任用能臣贤臣为宰相，其在延英殿与宰相议事，很晚才退朝。唐宪宗在位15年间，政绩较多，在政治上有所改革，勤勉政事，从而取得了元和年间削藩的成果，并重振中央政府的威望，成就了唐朝的中兴气象，唐朝获得再次统一。

7. 宦祸党争

唐宪宗晚年，以牛僧孺和李德裕为首的大臣之间的朋党之争亦愈演愈烈，使宦官更加得势。牛、李两党相继涉政，史称“牛李党争”。太和九年（公元835年），唐文宗与李训、郑注发动甘露之变，密谋诛杀宦官，但以失败告终。而后，宦官团结一致；群臣唯有借藩镇兵力对抗宦官权力，从而埋下了晚唐藩镇、宦官相冲突的种子。

8. 会昌中兴

唐文宗死后，唐武宗在宦官仇士良的拥立下，经过派系斗争即位，改元会昌。唐武宗重用李党首领李德裕，削减仇士良的权力。唐武宗执政期间，中书省的职能作用发挥较好。因而宦官的势力相对被削弱了。唐武宗对外击溃回鹘乌介可汗及其部众，对内平定泽潞镇叛乱。在位时期藩镇降服。唐武宗一连串振兴朝廷的政绩，史称会昌中兴。唐武宗崇信道教，禁止道教以外的佛教、景教等。故在佛教史上列为三武灭佛的其中一位称号武字的君主，史称会昌灭佛。

9. 大中之治

唐武宗死后，唐宣宗李忱即位以后励精图治，对内贬谪李德裕，结束牛李党争；抑制宦官势力过度膨胀；打击不法权贵外戚。在位期间宣宗勤俭治国，体恤百姓，减少赋税，注重选拔人才。一改唐武宗的封杀佛教政策，再次尊崇佛教。唐宣宗时期，张议潮领导沙州等地人民摆脱吐蕃统治。咸通七年（公元

866 年）二月，张议潮表奏朝廷，令回鹘首领仆固俊克复西州、北庭、轮台、清镇等城市。同年十月，仆固俊大败吐蕃军，吐蕃遂衰亡。河西肃清后，唐朝国势有所起色，百姓日渐安稳，使本已衰败的朝政呈现出“中兴”的小康局面。

10. 日落西山

唐宣宗之后，唐懿宗与唐僖宗是著名的无能昏君，使唐朝走了下坡路。唐朝后期，战争不断，经济政治衰退，黄巢起义后，唐僖宗在唐末战乱中死去，由其弟唐昭宗继位，迁都洛阳。乾宁五年（公元 898 年），发生了神策军中尉刘季述等人的政变，唐昭宗被软禁。天复元年（公元 901 年），崔胤联合孙德昭打败刘季述，迎唐昭宗复位。天祐元年（公元 904 年），朱晃发兵攻陷长安，挟持唐昭宗迁都洛阳，之后将唐昭宗杀害。天祐二年（公元 905 年），朱晃大肆贬逐朝官，并将三十余位朝臣杀死于白马驿（今河南滑县），投尸于河，史称白马驿之祸。天祐四年（公元 907 年），朱晃逼唐哀帝李柷禅位，唐朝灭亡，朱晃改国号梁，史称后梁，改元开平，定都东京（今河南开封）。

三、五代的更替与纷乱

从公元 907 年到公元 960 年的 53 年间，中原地区共经历了梁、唐、晋、汉、周五个政权，即“朱李石刘郭，梁唐晋汉周”。史称后梁、后唐、后晋、后汉与后周。宋人对此有“易姓告代、如翻鏊上饼”（《清异录 · 卷下》宋 · 陶穀）的评价。与中原朝代并存的先后有十国，割据在江南、湖广、四川和北方地区。为吴、吴越、前蜀、后蜀、闽、南汉、南平、楚、南唐、北汉，即“吴唐吴越前后蜀，南北两汉闽平楚”。

后梁：唐天祐四年（公元 907 年），朱晃接受唐哀帝李柷禅让，建立后梁，定都东京（今河南开封），这是五代十国之始。后梁立国后，中原地区归附后梁的半独立政权有义武节度使、北平王王处直、成德节度使、赵王王镕、卢龙节度使刘仁恭（公元 911 年其子刘守光称帝独立）等。仍旧独立的是凤翔节度使、岐王李茂贞建立的岐国，河东节度使、晋王李克用建立的晋国，西川节度使、蜀王王建建立的前蜀，湖南武安军马殷建立的楚国，两广（岭南）清海军刘隐建立的南汉，淮南军杨行密建立的吴国，浙江钱镠建立的吴越国，福建王审知建立的闽国。另外，交趾静海军曲承裕自立，是越南地区脱离中国的开端。此时晋、岐与吴依旧奉唐室年号，而前蜀称帝，均不承认后梁。

梁太祖朱晃针对唐朝后期的弊端做出不少改革。经济方面重视农业发展，致力减轻赋税。然而后梁太祖晚年荒淫无度，甚至不顾伦理，经常召诸子之妻入宫陪侍。公元923年，李存勖在魏州称帝（唐庄宗），以光复唐朝为号召建国号唐，史称后唐，不久又二度南征，率军经郓州迂回攻入空虚无兵的汴州，后梁覆灭。

后唐：唐庄宗灭后梁后，定都洛阳。此时河北三镇已定，后唐国力强盛。岐国李茂贞对后唐称臣，唐庄宗封他为秦王。公元924年李茂贞去世，唐庄宗的长子李继岌担任凤翔节度使，正式吞并了岐国。前蜀王建在建国后注重农桑、兴修水利，使得前蜀在经济与军事上都十分强盛。但公元918年王建去世后，其子王衍奢侈无度，残暴昏庸。公元925年，唐庄宗派郭崇韬、魏王李继岌率军攻入成都，王衍投降，前蜀灭亡。

后唐对外强盛，但是内忧积重。唐庄宗定都洛阳后，自认基业已固，不务政事，肆情纵欲，自取艺名“李天下”，宠信伶人敬新磨、伶官景进等人。当时军队庞大，国库吃紧，然而其妻刘皇后干预朝政、贪婪爱财，将税收一半归后宫，使得朝廷还要暂扣军粮以补其他支出，形成极大的隐忧，不久征蜀唐军即因故兵变。唐明宗即位后，革除唐庄宗时的弊政，朝政逐渐安定。他诛除宦官，任用士人；撤销不少冗余机关，建立三司等财政机关；提倡节俭，兴修水利，关心百姓疾苦；加强中央军力，建立侍卫亲军以压制藩镇。这一时期是五代少见的稳定时期之一，他制定的一些制度也被宋朝所继承。

唐末帝与石敬瑭早在唐明宗时就彼此不合。唐末帝即位后十分猜忌石敬瑭，而石敬瑭也因畏惧而怀有叛变之心。公元936年石敬瑭向契丹借兵叛变，

并对辽太宗耶律德光称儿，事后割让燕云十六州给契丹，每年还要输帛三十万匹。耶律德光率军帮助石敬瑭于太原建国后晋，即晋高祖。公元937年，晋军与契丹军大举南下，晋军独自攻入洛阳，唐末帝自焚而死，后唐灭亡。石敬瑭定都汴州，依约将燕云十六州割让给契丹。

后晋：后晋时期，国力大不如前，时常被契丹威胁。江淮地区的吴与后继的南唐国势强盛，采取联合北方契丹国制约中原的策略，成为中原王朝的一大威胁。当时后晋新立，财政匮乏，契丹贪求无厌，藩镇多不愿服从。为解决财政危机，晋高祖采纳桑维翰的建议，采取安抚藩镇、恭谨契丹的方式，并且重视农业、商业以提升经济。虽然契丹国得以安抚，但原燕云十六州官员如吴峦、郭崇威耻臣于契丹，不愿投降。各地藩镇几乎不服晋廷，有些甚至有意拉拢契丹国以夺位。晋高祖去世后，其侄子石重贵继位于邺都（河北大名），即晋出帝。由于后晋的将领与百姓对屈尊异族而感到强烈不满，晋出帝听从景延广建议，放弃对契丹国称臣而改称孙以洗刷屈辱。公元946年晋出帝再以杜重威率军北伐，与耶律德光在滹沱河会战。此时杜重威有意夺位，反而向耶律德光投降。耶律德光趁机率联军直逼开封，后晋大将李守贞、张彦泽陆续投降，最后晋出帝开城投降，后晋亡。隔年耶律德光将国号改为“大辽”，即辽太宗，正式建立辽朝。

辽太宗本来对经营中原地区很有信心，然而其掠夺政策使中原百姓群聚反抗。其中河东军刘知远听从张彦威的建议，以中原无主为由于太原称帝，建国后汉，即汉高祖。辽太宗压制不了此局面，以天气炎热为由率军北返。

后汉：汉高祖在辽军北返后开始收复中原，定都开封。公元948年汉高祖去世，其子刘承祐继位，是为汉隐帝，并以杨邠、郭威、史弘肇与王章为辅国大臣。汉隐帝年长后猜忌辅国大臣，与郭允明协议后于公元950年以辽军寇河北为由派郭威镇守邺都，随后大杀杨、史与王等大臣，又杀郭威一家，并召泰宁军慕容彦超等急速入京。郭威听从魏仁浦建议起兵南下，并派养子柴荣镇守邺都。隔年击溃慕容彦超，攻入开封，汉隐帝最后为郭允明等所杀。郭威本有意立刘崇子徐州节度使刘赟为帝，先以李太后临朝。当时恰巧辽军入侵，郭威出师御敌，但大军至澶州（今河南濮阳）时，军士拥护郭威称帝，大军返回开封。公元951年郭威称帝，建国后周，后汉亡。

后周：周太祖郭威登基后剪除若干苛政，厉行节俭，使南流的人口再度有流回中原的倾向。然而刘赟被杀，使后汉旧将不服周廷。河东军刘崇（后汉高祖刘知远之弟）得知郭威称帝后，自立为帝，建国北汉。他依辽人为援，自称侄皇帝，并且伺机伐周。公元954年周太祖去世，由养子柴荣继位，即周世宗。周世宗当属五代十国中的第一明君，其改革军事制度，精简中央禁军，补充强健之士，形成“殿前诸班”的禁军。内政方面，招抚流亡，减少赋税，稳定国内经济。整顿吏治，延聘文人，打压武人政治，使后周政治清明。公元955年又废天下佛寺，获取大量铜器以整顿经济。军事与经济的提升都为日后统一中国本土而建立了重要基础。

周世宗柴荣在稳定国内后即意图统一天下，他以“十年开拓天下，十年养百姓，十年致太平”① 为目标。公元955年率军击溃后蜀，占秦州汉中一带。公元956年率兵击溃南唐，获得江北之地，迫南唐称臣。公元959年率军北伐辽朝以收复燕云十六州，周军陆续攻陷瀛洲、莫州等地。当他准备收复幽州时，却突然生病，被迫班师。不久去世，其幼子柴宗训即位，即周恭帝。公元960年禁军领袖赵匡胤以镇定二州遭北汉、辽朝入侵为由率军北御，在开封的陈桥驿兵变称帝。赵匡胤回师开封，接受周恭帝禅让，后周灭亡，五代结束。

---

① 〔宋〕薛居正等．旧五代史・卷一百一十九・周书十［M］．北京：中华书局，1976.

第二节　全新的中国社会面貌

公元 581 年隋朝统一中国，为唐代的发展奠定了基础。从贞观之治到开元盛世，中国社会呈现出全新的面貌。唐代疆域空前辽阔，极盛时东起日本海、南据安南、西抵咸海、北逾贝加尔湖，是中国自秦以来第一个未修据胡长城的大一统王朝。唐代社会的政治、经济、文化、艺术呈现出多元化、开放性等特点，成就斐然。唐代中国以其宏大的格局、开放的气势、壮阔的场面，成为中国封建社会的鼎盛期之一，是当时世界上最文明先进、最繁荣发达、最富庶强大的国家，声誉远播，并与亚欧国家均有往来。唐以后海外多称中国人为“唐人”正缘于此。

一、疆域与区划

唐代的疆域范围在极盛时期东起朝鲜半岛，南抵越南顺化一带，西达中亚咸海以及呼罗珊地区，北包贝加尔湖至叶尼塞河下流一带。境内的少数民族很多，为有效管理突厥、回鹘、铁勒、室韦、契丹、靺鞨等各民族，分别设立了安西、安北、安东、安南、单于、北庭六大都护府，以及大量隶属于六大都护府的都督府和羁縻州。但安史之乱后数十年间，由于大量河陇边兵参与平乱导致边防空虚，吐蕃趁势进逼，并占领河陇及湟水地区，而河套地区则仍由天德军与振武军管辖。晚唐大中至咸通年间沙州人张议潮起兵收复河陇地区，重新打通丝绸之路，并趁吐蕃内乱，于咸通七年击溃吐蕃。

唐代首创中国行政区史上道和府的建制。贞观元年（公元 627 年），始分天下为十道：关内、河南、河东、河北、山南、陇右、淮南、江南、剑南、岭南。道设州、府，州、府下设县，开元末年，全国共有州、府三百二十八座，县一千五百七十三座。

表 8-1　唐代的行政区划

道	治所	辖地
关内道	凤翔府（今陕西凤翔）	京师（长安）、京兆府、华州、同州、坊州、丹州、凤翔府、邪州、泾州、陇州、宁州、庆州、娜州、定州、绥州、银州、夏州、灵州、盐州、丰州、会州、宥州、胜州、麟州、安北大都护府
河南道	东都洛阳（今河南洛阳）	东都（洛阳）、河南府、宋州、汴州、孟州、陕州、郑州、虢州、汝州、许州、蔡州、陈州、颍州、亳州、濮州、郓州、泗州、海州、兖州、徐州、宿州、沂州、密州、齐州、青州、棣州、莱州、登州
河东道	河中府（今山西永济西）	河中府、绛州、晋州、隰州、汾州、慈州、潞州、泽州、沁州、辽州、太原府（今北京）、蔚州、忻州、岚州、石州、朔州、云州、单于都护府
河北道	魏州（今河北大名东南）	怀州、卫州、相州、魏州、澶州、博州、贝州、洺州、磁州、邢州、赵州、冀州、深州、沧州、景州、德州、定州、祁州、易州、瀛州、莫州、幽州、涿州、檀州、妫州、平州、顺州、归顺州、营州、燕州、威州、慎州、玄州、崇州、夷宾州、师州、鲜州、带州、黎州、沃州、昌州、归义州、瑞州、信州、青山州、凛州、安东都护府
山南道	襄阳（今湖北襄阳）	兴元府、兴州、凤州、利州、通州、洋州、泽州、合州、集州、巴州、蓬州、壁州、商州、金州、开州、渠州、渝州、邓州、唐州、均州、房州、隋州、郢州、襄州、复州、江陵府、硖州、归州、夔州、万州、忠州

续表

道	治所	辖地
淮南道	扬州 （今江苏扬州）	扬州、楚州、和州、濠州、寿州、光州、蕲州、申州、黄州、安州、舒州
江南道	越州 （今浙江绍兴）	润州、常州、苏州、湖州、杭州、越州、明州、台州、婺州、衢州、信州、睦州、歙州、处州、温州、福州、泉州、建州、汀州、漳州、宣州、池州、洪州、虔州、抚州、吉州、江州、袁州、鄂州、岳州、潭州、衡州、澧州、朗州、永州、道州、郴州、邵州、连州、黔州、辰州、锦州、施州、巫州、夷州、播州、思州、费州、南州、溪州、溱州、珍州、牂州
陇右道	治所鄯州 （今青海乐都）	秦州、成州、渭州、兰州、临州、河州、武州、洮州、廓州、叠州、宕州、凉州、甘州、瓜州、伊州、沙州、西州、安西都护府、北庭都护府
剑南道	成都府 （今四川成都）	成都府、汉州、彭州、蜀州、眉州、锦州、剑州、梓州、阆州、果州、遂州、普州、陵州、资州、荣州、简州、嘉州、邛州、雅州、黎州、泸州、茂州、翼州、涂州、炎州、彻州、向州、冉州、穹州、笮州、戎州、嶲州、松州、文州、扶州、龙州、当州、悉州、恭州、保州、真州、霸州、柘州
岭南道	广州 （今广东广州）	广州、韶州、潮州、循州、贺州、端州、新州、康州、封州、泷州、恩州、春州、高州、藤州、义州、窦州、勤州、桂州、昭州、富州、梧州、蒙州、龚州、浔州、郁林州、平琴州、宾州、澄州、绣州、象州、柳州、融州、邕州、贵州、党州、横州、田州、严州、山州、峦州、罗州、潘州、容州、辩州、白州、牢州、钦州、禺州、滚州、汤州、武峨州、粤州、芝州、爱州、福禄州、长州、罐州、林州、景州、峰州、陆州、廉州、雷州、笼州、环州、德化州、郎茫州、崖州、儋州、琼州、振州、万安州

二、人口状况

隋末天下大乱导致全国人口锐减，至唐高祖武德年间仅200余万户，全国统一后户口开始逐步恢复。唐太宗贞观十三年（公元639年），户数恢复至304万，人口达1235万，又获塞外归附人口120余万。高宗永徽三年（公元652年）全国有户380万。武则天神龙元年（公元705年）全国有户615万，约3714万人。唐玄宗天宝十三载（公元754年），户数962万，口数5288万，为官方户口统计的峰值。安史之乱后，因藩镇割据及户籍统计和管理混乱废弛，户口数不符合实际情况，有观点称：广德二年（公元764年）全国人口至少有4600万到4700万，晚唐人口则达六千万左右。

现代研究者普遍认为唐朝的人口峰值出现于唐玄宗天宝十三载至十四载间（公元754—755年），因有佃农、隐户、奴仆、士兵、僧道、外族等不纳入户口统计的因素，对唐朝人口峰值有不同看法。但普遍认为，当时的总人口数应为七千万至一个亿之间。

表8-2　唐代户口统计表

年份	户数	口数	备注
隋末唐初	2000000	—	出自《册府元龟·卷四百八十六》①及《通典·卷第七》②
唐太宗贞观十三年（公元639年）	3041871	12351681	根据《旧唐书·地理志》③诸州县户口统计而来
唐高宗永徽三年（公元652年）	3800000	—	出自《唐会要·卷八十四》④

① 〔北宋〕王钦若．册府元龟·卷四百八十六［M］．北京：中华书局，1960-06.
② 〔唐〕杜佑．通典·卷第七［M］．北京：中华书局，1984-02.
③ 〔后晋〕刘昫等．旧唐书·地理志［M］．北京：中华书局，1975-05.
④ 〔宋〕王溥．唐会要·卷八十四［M］．北京，中华书局，1960-06.

续表

年份	户数	口数	备注
武曌神龙元年（公元 705 年）	6156141	37140000	出自《旧唐书·卷八十八》①
唐玄宗开元十四年（公元 726 年）	7069565	41419712	出自《旧唐书·本纪第八》② 及《资治通鉴·卷二百一十三》③
唐玄宗开元二十年（公元 732 年）	7861236	45431265	出自《旧唐书·本纪第八》④ 及《资治通鉴·卷二百一十三》⑤
唐玄宗开元二十八年（公元 740 年）	8412871	48143609	出自《旧唐书·卷三十八》⑥
唐玄宗天宝元年（公元 742 年）	8525763	48909800	出自《旧唐书·本纪第九》⑦
唐玄宗天宝十一年（公元 752 年）	8973634	59975543	根据《新唐书·地理志》⑧ 诸州县户口数统计而来

① 〔后晋〕刘昫等．旧唐书·卷八十八［M］．北京：中华书局，1975-05.
② 〔后晋〕刘昫等．旧唐书·本纪第八［M］．北京：中华书局．1975-05.
③ 〔宋〕司马光．资治通鉴·卷二百一十三［M］．北京：中华书局，2012-03.
④ 〔后晋〕刘昫等．旧唐书·本纪第八［M］．北京：中华书局，1975-05.
⑤ 〔宋〕司马光．资治通鉴·卷二百一十三［M］．北京：中华书局，2012-03.
⑥ 〔后晋〕刘昫等．旧唐书·卷三十八［M］．北京：中华书局，1975-05.
⑦ 〔后晋〕刘昫等．旧唐书·本纪第九［M］．北京：中华书局，1975-05.
⑧ 〔宋〕欧阳修．新唐书·地理志［M］．北京：中华书局，1975-01.

续表

年份	户数	口数	备注
唐玄宗天宝十三年（公元754年）	① 9619254 ② 9069154 ③ 9187548	① 52880488 ② 52880488 ③ 52881280	①号数据出自《旧唐书·本纪第九》①②号数据出自《资治通鉴·卷二百一十七》② ③号数据根据《旧唐书·玄宗纪》③天宝十三载课与不课户口分计数统计而成
唐玄宗天宝十四年（公元755年）	8914790	52919390	出自《通典·食货七》④
唐肃宗至德元年（公元756年）	8018710	—	出自《唐会要·卷八十四》⑤及《册府元龟·卷四百八十六》⑥
唐肃宗乾元三年（公元760年）	1933134	16990386	出自《通典·食货七》⑦
唐代宗广德二年（公元764年）	2933125	—	出自《唐会要·卷八十四》⑧
唐德宗建中元年（公元780年）	3855076	—	出自《唐会要·卷八十四》⑨

① 〔后晋〕刘昫等．旧唐书·本纪第九［M］．北京：中华书局，1975-05.
② 〔宋〕司马光．资治通鉴·卷二百一十七［M］．北京：中华书局，2012-03.
③ 〔后晋〕刘昫等．旧唐书·玄宗纪［M］．北京：中华书局，1975-05.
④ 〔唐〕杜佑．通典·食货七［M］．北京：中华书局，1984-02.
⑤ 〔宋〕王溥．唐会要·卷八十四［M］．北京：中华书局，1960-06.
⑥ 〔北宋〕王钦若．册府元龟（全十二册）［M］．北京：中华书局，1960-06.
⑦ 〔唐〕杜佑．通典·食货七［M］．北京：中华书局，1984-02.
⑧ 〔宋〕王溥．唐会要·卷八十四［M］．北京：中华书局，1960-06.
⑨ 〔宋〕王溥．唐会要·卷八十四［M］．北京：中华书局，1960-06.

续表

年份	户数	口数	备注
唐宪宗元和十五年（公元 820 年）	2375400	15760000	出自《旧唐书・本纪第十六》①
唐文宗开成四年（公元 839 年）	4996752	—	出自《唐会要・卷八十四》②
唐武宗会昌五年（公元 844 年）	4955151	—	出自《新唐书・卷五十二》③

三、外交活动

唐代经济发达，社会、科技、文化处于世界领先地位，与许多国家的文化交流非常频繁。朝鲜、日本等附属国派来许多留学生到长安、洛阳学习。同阿拉伯地区有着友好往来。成书于开元二十六年（公元 738 年）的《唐六典》记载，向唐朝朝贡过的国家，在当时已经灭亡的有三百余国，至唐玄宗时期仍旧有七十余藩。有代表性的地区、国家大致如下。

1. 突厥

东突厥常年南下袭击汉地，贞观三年（公元 629 年）唐太宗遣李靖、李勣二将分路征讨，次年降伏东突厥。大量突厥人迁入唐朝，唐太宗将降众安置在灵武至幽州一带，设置羁縻府加以管辖。东突厥的灭亡与归顺震动了西突厥与西域各国，一些西域小国纷纷改投唐朝，尊称唐太宗为“天可汗”。西突厥西抵波斯，北并疏勒，控制了丝绸之路。公元 640 年，唐军攻克高昌城（新疆吐鲁番），设安西都护府。公元 647 年，平定焉耆。公元 648 年，平定龟兹，

① 〔后晋〕刘昫等．旧唐书・本纪第十六［M］．北京：中华书局，1975-05.
② 〔宋〕王溥．唐会要・卷八十四［M］．北京：中华书局，1960-06.
③ 〔宋〕欧阳修．新唐书・卷五十二［M］．北京：中华书局，1975-01.

安西都护府迁至龟兹，统管于阗、高昌、焉耆、龟兹四镇。显庆二年（公元657年），苏定方、萧嗣业大败西突厥。西突厥最终在唐军数次打击下覆亡，西域至此成为唐朝的势力范围。

2. 吐谷浑

吐谷浑为慕容鲜卑支系，五胡十六国时期西迁至青藏高原东北端，并在公元329年立国，使用晋制，且由于特殊的地缘关系一直摇摆在东晋、南朝和十六国时的西北强国之间。曾在隋大业五年（公元609年）被隋军占领，隋末战争时复国。吐谷浑因夹处于吐蕃和唐两大势力之间，又与吐蕃同处青藏高原这一特殊地缘上，早年慕容伏允采取亲蕃疏唐的外交政策。唐太宗几次召见未能成功，公元634年，开始派兵西征，次年，大将李靖击败吐谷浑，亲唐的慕容顺继位并对唐称臣。慕容顺死后，慕容诺曷钵继位，唐遣送弘化公主和亲。公元663年，吐蕃灭吐谷浑，慕容诺曷钵率众迁至唐安乐州（今宁夏中宁）。

3. 日本

倭国在武周时期改称日本，与唐朝往来密切。孝德天皇推行革新，效法唐制，走向中央集权。引入均田制和租庸调制，落实户籍和记账制度，参考《唐令》写成《大宝令》法典，遵照洛阳布局规划平安、平城二京。日本先后派遣了数十次遣唐使，使团规模达数百人，团中除使臣、水手外，还有留学生、学问僧、医师、音声生、玉生、锻生、铸生、细工生等。其代表人物有留学生吉备真备和阿倍仲麻吕与僧人空海和圆仁。空海著有《文镜秘府论》与日本第一部汉字字典《篆隶万象名义》。圆仁寻觅佛法而走遍唐朝多个道郡，带回日本大量佛学经文器具。百济艺僧味摩之将在唐学到的荆楚傩舞传至日本，时称吴伎乐。日本文字平假名和片假名也都是分别从中国的草书和楷书部首演变而来的。鉴真和尚应日本僧人之邀，曾经六次东渡回日，最后终于成功。他为日本带去了佛经，促进了中国文化向日本的传播以及佛教在日本的兴盛。

4. 百济

公元660年，百济和唐朝、新罗之间发生唐灭百济之战。原因是百济联合

高句丽，阻碍新罗和唐朝交通与进贡事宜。唐高宗屡次下诏威吓百济无果，在新罗的一再请求下，唐朝派左武卫大将军苏定方为神丘道行军大总管，率左骁卫将军刘伯英等水陆十万讨伐百济。新罗武烈王金春秋为嵎夷道行军总管，苏定方率兵从成山渡海，百济据守熊津江口拒敌。苏定方进击，百济军队死数千人。苏定方水陆并进，直取其京城泗沘。城外二十余里，百济倾国来战，唐军大胜，杀百济军一万余人，唐军入泗沘外郭。同时，新罗大将金庾信在黄山大胜百济大将阶伯，百济义慈王及太子扶余隆逃入北境，苏定方进围泗沘城。扶余隆子扶余文思率领左右逾城降唐，许多百姓跟从，此后扶余义慈、扶余隆均降。

5. 高句丽

公元631年，高句丽在辽东建千里长城以防止唐朝的进攻，并与突厥联盟。唐太宗李世民则以高句丽据有的“辽东”（今东北地区辽河以东至朝鲜半岛北部）为“旧中国之有”，而今“九瀛大定，唯此一隅”[①]，决心将对高句丽的征伐作为中国统一战争的最后部分。但是唐朝对高句丽的进攻起初并不成功，在多次战役中相继失守战略要点。后在击败高句丽的盟友突厥后，唐与新罗建立联盟关系，最终平定高句丽。之后，唐分高句丽为九都督府、四十二州、一百县，并于平壤设安东都护府以统之，任命右威卫大将军薛仁贵为检校安东都护，领兵二万镇守其地，试图控制朝鲜半岛，引发新罗与唐朝的战争。新罗最终控制朝鲜半岛大同江以南地区。大同江以北则由唐和渤海国占据。

6. 大食

公元715年，由于唐朝国力的强盛，西域开始向唐朝一边倾斜。开元三年（公元715年），吐蕃与大食共同立阿了达为王，发兵攻打唐朝属国拔汗那国。监察御史张孝嵩与安西都护吕休率旁侧戎落兵万余人，击败吐蕃大食联军，夺得中亚重要的属国拔汗那，威震西域。

---

① 〔宋〕王钦若等．册府元龟·卷第一百一十七［M］．北京：中华书局，2006-12.

开元六年（公元718年），大食将加拉赫统兵北征，于河中北部得胜，并已准备侵入中国领土，但是被突厥人包围，经过偿付赎金，才好不容易得救。开元十二年（公元724年），叶齐德二世殁，希沙木继为哈利发，再遣穆斯林攻东拔汗那，围其都渴塞城，爆发渴水日之战，大食军大败，后卫主将战死，导致原已叛附大食的康、石诸国复归于唐，这一挫折使阿拉伯向东的扩张中止了约50年。安史之乱后，因国力大损，唐朝放弃了在中亚与阿拉伯的争夺。

7. 吐蕃

公元641年，唐太宗派李道宗护送文成公主嫁入吐蕃，与赞普松赞干布结婚。其后还有金城公主下嫁赞普赤德祖赞，并结成联盟，将唐朝的先进文化带到了吐蕃。公元822年，唐蕃会盟，划定了疆界，互不侵犯。如今唐蕃会盟碑还保存在拉萨的大昭寺。

四、文明、开放的社会

唐代的文化、制度、社会特点基本承袭隋代，唐的李家皇族和隋的杨家皇族更有亲戚关系，在一定程度上唐是隋的伸展，故历代史学家常把隋和唐合称为“隋唐”。唐代被认为是包容、开放的一个朝代。在政治上、外交上、文化上都呈现出前所未有的大度，社会自由发达，女性地位提高，思想上少有禁锢，在诸多方面创造了辉煌。

在文化上，中国历史上第一个状元、三元及第都诞生在唐朝，分别为公元622年的状元孙伏伽（一说公元651年的颜康成）和公元781年的三元状元崔元翰。最令人瞩目的文学成就可谓是唐诗，自唐初陈子昂和“初唐四杰”起，唐代著名诗人就层出不穷，盛唐时期的李白、杜甫、岑参、王维，中唐时期的李贺、韩愈、白居易、刘禹锡，晚唐时期的李商隐、杜牧都是其中的代表。这些诗人的诗作风格各异，既有对神话世界的丰富想象，又有对现实生活的生动描写；既有激昂雄浑的边塞诗，亦有沉郁厚重的“诗史”，还有清新脱俗的田园诗。这些诗作共同构成了中国古代文学的杰出代表。后世虽仍有杰出诗人出

现，但律诗和古诗的总体水平都不如唐代，唐诗成了中国古诗不可逾越的巅峰。在美术上，唐代艺术与前后朝代都迥然不同。初唐的阎立本、阎立德兄弟擅画人物。吴道子则有“画圣”之称，兼擅人物、山水，吸收了西域画派的技法，画面富于立体感，时有“吴带当风”之说。张萱和周昉以画侍女图为主，代表作品有《捣练图》《虢国夫人游春图》《簪花仕女图》等。诗人王维擅长水墨山水画，苏轼称他“画中有诗”。壁画类，莫高窟与墓室壁画都是传世精品。雕刻艺术同样出众。敦煌、龙门、麦积山和炳灵寺石窟都是在唐时步入全盛。洛阳龙门石窟的卢舍那大佛和四川乐山大佛都令人赞叹。昭陵六骏、墓葬三彩陶俑都非常精美。

唐代书法家辈出。欧阳询、虞世南是初唐著名书法家。欧阳询的楷书笔力严整，其名作有《九成宫醴泉铭》。虞世南楷书字体柔圆。颜真卿和柳公权被世人称为“颜筋柳骨”。颜真卿的楷书用笔肥厚，内含筋骨，劲健洒脱，其代表作有《多宝塔碑》《颜氏家庙碑》；柳公权的字体劲健，代表作有《玄秘塔碑》。张旭和怀素则是草书大家。

在科技上，天文学家僧一行在世界上首次测量了子午线的长度；药王孙思邈的《千金方》是不可多得的医书；公元868年，《金刚经》的印制是目前世界上已知最早的雕版印刷技术。中国的造纸、纺织等技术则通过阿拉伯地区远传到西亚、欧洲。

在宗教方面，佛教进入了创宗立派的新时期。禅宗被认为是中国化最为典型的佛教宗派，以“不立文字”“教外别传”为标榜，而这实际上也可以看作禅宗特有的判教说。佛教心性论是唐代儒学发生变化的重要推动力之一，并对唐宋儒学发展的走向产生重要影响。道教内部上清派、楼观派、正一派、灵宝派等派别则在相互融合中推进了道教教义学说和仪轨制度的建立。道教主要借鉴吸收佛教的思辨哲学以提高自身的理论水平，而佛教则对道教的法术斋醮有所借鉴。唐代是中国儒、佛、道三教并盛的黄金时期，共同形成了中国传统文化的主流。玄奘西行和鉴真东渡则是世界文化、宗教交流史上的壮举。

图 8-1 《簪花仕女图》

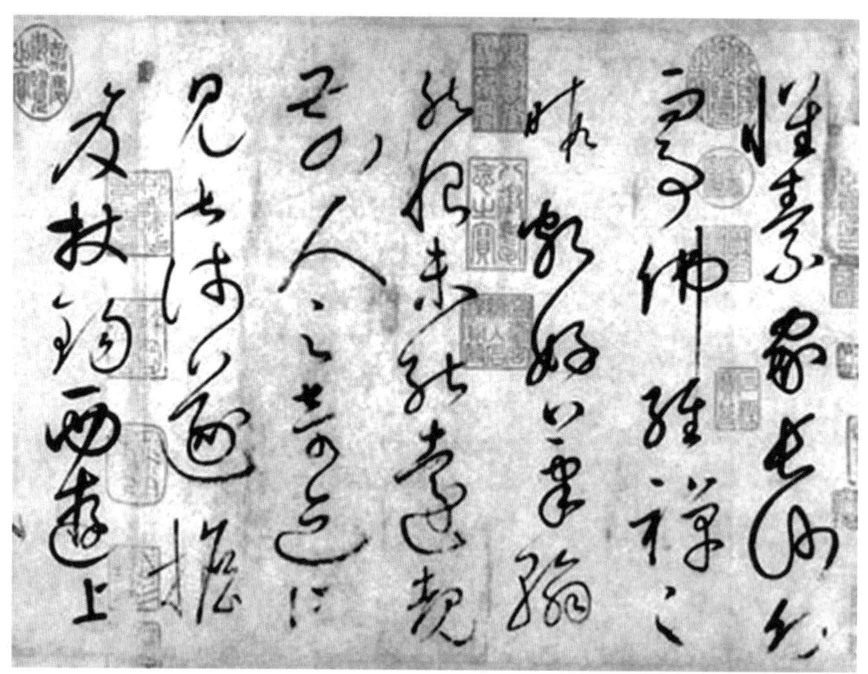

图 8-2 怀素书法图

第三节　发达的种植业、养殖业、手工业

从隋代开始到唐代的开元盛世，中国社会的经济是走在发展、繁荣的道路上的。其时，政治局面安定，社会开放包容，在此背景下，种植业、养殖业、手工业都取得了空前的进步和成就，为整个国家的文明、昌盛奠定了基础。安史之乱后，中国经济的重心开始从黄河流域向长江流域转移。到五代时期，中原战乱频仍，经济破坏严重，而南方动乱较轻，经济发展迅速，赶上且超过了中原和北方地区，至此中国经济的重心南移终止，出现了南重北轻的局面，并延续下去。

一、种植业

1. 谷物

从隋代始，由于推行重农政策，实行均田制，种植业有了较大的发展。农业生产工具锄、铲、镰、犁都有大的改进，发明了曲辕犁和诸多水田耕作设备。水利设施得到修复和新的开凿，更为广泛和完善。长期积累的犁地、播种、施肥、灌溉等一整套的农业生产经验得到推广，良种普遍使用，经济作物得到发展。主粮结构主要由粟、麦、稻构成。其中，北方以粟、麦为主。就中原地区内不同区域而言，唐代河北、山西等地的粟类种植极为普遍，是当地居民的绝对主粮。粟的品质较高，河东绛州的白谷和粱米、河北幽州范阳郡的粟米，都是向朝廷进奉的土贡。关中地区的粟类种植亦非常可观。《元和郡县图志》记载有以粟名州者："贞观八年，以此州仓储殷实，改为粟州，其年，又为会州。”[①] 关中京兆府的紫秆粟，邠州、银州、胜州的粟，河南陈州（今河南淮阳）的粟都是名品。麦的种植在北方得到了迅速推广，但在各地的种植并不均衡。大致来说，关中和华北平原一带，土地肥沃，雨量充沛，很适宜麦类作物的生长，至唐代中后期，这里的麦类种植已超过粟类，居于主导地位。唐代中期以后，城市人口的增长、粟麦轮作的逐渐推广，尤其是饼食的普及，对麦作的发展起到了巨大的促进作用。南方从东晋南朝开始倡导种麦，此时许多州县都有了种麦的记载，例如唐末诗人郑谷的《游蜀》诗，就有阆州“黄梅麦绿无归处”的说法。

南方以水稻为主。这个时期，稻的地位迅速上升，随着经济重心的南移，南方稻作获得了长足发展，品种增加，单产提高，多熟制和水田耕耙、碌碡等技术更加完善。中唐以后，江南开始成为全国水稻生产的中心地区，据《新唐书·地理志》和《元和郡县图志》记载，当时贡米大多来自南方，如扬州土贡有黄稑米、乌节米，苏州、常州有大小香秔，湖州有糯米、糙秔米，饶州有秔米。据《全唐诗》[②] 和《四时纂要》[③] 的记载，唐代的水稻品种有蝉鸣稻、玉粒、江米、红莲、红稻、黄稻、獐牙稻、长枪、珠稻、霜稻、罢亚、乌节等，还有白稻、海稻、五月稻、青粳稻、青龙稻、水上稻、节米（乌节米）、黄陆米、三破糯米、高公米、御田谷米、折粳米、紫茎稻、霜稻、重粳米等，合计有20余个品种。这些品种大部分都是唐代始见记载的优良品种。

北方、中原地区的水稻种植主要分布在关中、河南、淮北和山东一带。关中以完备的灌溉系统作基础，水稻的种植呈现繁荣景象，唐代诗人韦庄的“一径寻村渡碧溪，稻花香泽水千畦”[④] 描写的就是长安郊外杜岭与鄠县一带的稻田风光。河南是唐代中原水稻的主要产地，洛阳、汝颖和开封一带土地肥沃，河流较多，灌溉便利，种植水稻的条件优越，总产量在关中之上。唐玄宗时，

① 〔唐〕李吉甫．元和郡县图志·卷第四［M］．北京：中华书局，1983-6.
② 中华书局编辑部．全唐诗：增订本［M］．北京：中华书局，2011-03.
③ 韩鄂．四时纂要校释［M］．北京：农业出版社，1981-10.
④ 中华书局编辑部．全唐诗：增订本［M］．北京：中华书局．2011-03.

河南水利建设达到高潮，水稻种植得到了大力推广。宰相张九龄在开元二十二年（公元734年）七月还曾被任命为“河南开稻田使”。日本圆仁和尚入唐巡礼求法，在山东半岛常看到水稻。东北地区也首次出现了种稻的记录，《新唐书·北狄·渤海传》① 所记渤海国的土特物产中就有“卢城之稻”。据唐人韩鄂《四时纂要》记载，当时的主要粮食作物品种为粟、麦、稻、黍、菽、薯蓣、荞麦和薏苡等。

图 8-3（1）　唐曲辕犁（江东犁）使用方法

图 8-3（2）　唐曲辕犁（江东犁）使用方法

① 〔清〕彭定求．全唐诗［M］．北京：中华书局，1999.

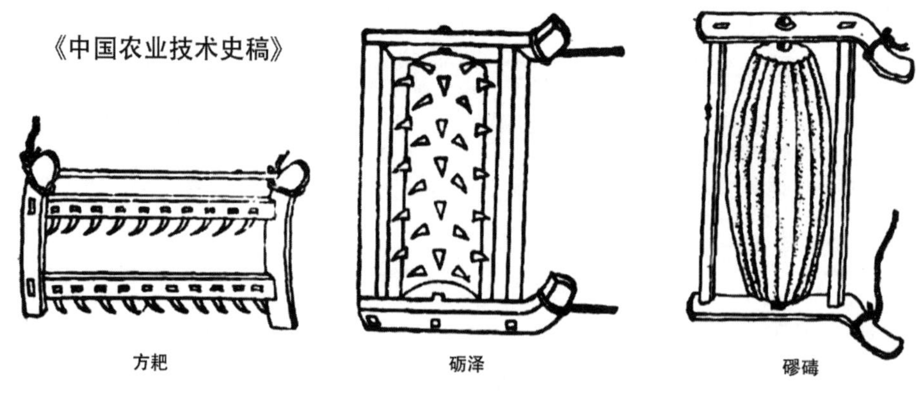

图 8-4 唐后期使用的农具

由于政府、城市及战争对粮食的极大需求，隋唐两代都对粮仓的建设高度重视。其中著名的有兴洛仓、回洛仓、常平仓、黎阳仓、广通仓等。存储粮食皆在百万石以上。始建于隋炀帝大业年间的回洛仓（位于今河南省洛阳市小李村）、含嘉仓（位于河南省洛阳市老城北），是隋炀帝在洛阳设置的“国家粮仓”，其主要功能是为洛阳都城内的皇室和百姓供应粮食。回洛仓由仓窖区、管理区、道路和漕渠等几部分构成。其中，管理区位于仓城南侧，仓城内有东西、南北方向道路各一条。两条漕渠分别位于仓城西侧和仓城南侧。考古发掘证实，该仓东西长 1000 米、南北宽 355 米，面积相当于 50 个国际标准足球场。仓窖大致有 710 座，是目前已知隋唐时期粮仓中规模最大的一座。其中一个粮窖还留有已经炭化的谷子 50 万斤。回洛仓和含嘉仓的地下仓窖都经过火烤及铺设木板、苇席等干燥处理，可以长期保存粮食。唐玄宗天宝八年（公元 749 年），全国的大型粮仓共储粮约 1200 万石，其中含嘉仓储粮约 580 万石，几乎占了一半。盖因关中平原地方狭小，人口稠密，一有年荒，便难以维持对粮食的供应，故唐代的皇帝，如太宗、高宗、玄宗等都有率皇室到洛阳就食的记录，武则天则长期在洛阳执政，含嘉仓的粮食发挥了重要的作用。正如《唐会要》中所载：神都帑藏储粟，积年充实，淮海漕运，日夕流衍。长安府库及

仓，庶事空缺，皆藉洛京①。河南浚县黎阳仓城依山而建，平面近长方形，南北长 330 余米，东西宽 260 米。仓城北中部发现一处漕渠遗迹，在渠西北侧，发现一处夯土台基，为粮仓管理机构所在位置。目前已探明储粮仓窖 90 多座，皆口大底小，圆形，口径 8~14 米，深 2.5~5 米。仓窖排列整齐有序，排与排间距 10 米左右，窖与窖间距 3.5~10 米。经过对窖内近底部残存的粮食遗存初步检测分析，为带颖壳的粟、黍及豆等。

图 8-5　河南浚县隋代黎阳仓遗址

图 8-6　洛阳回洛仓遗址

① 〔宋〕王溥．唐会要·卷二十七［M］．北京：中华书局，1960-06.

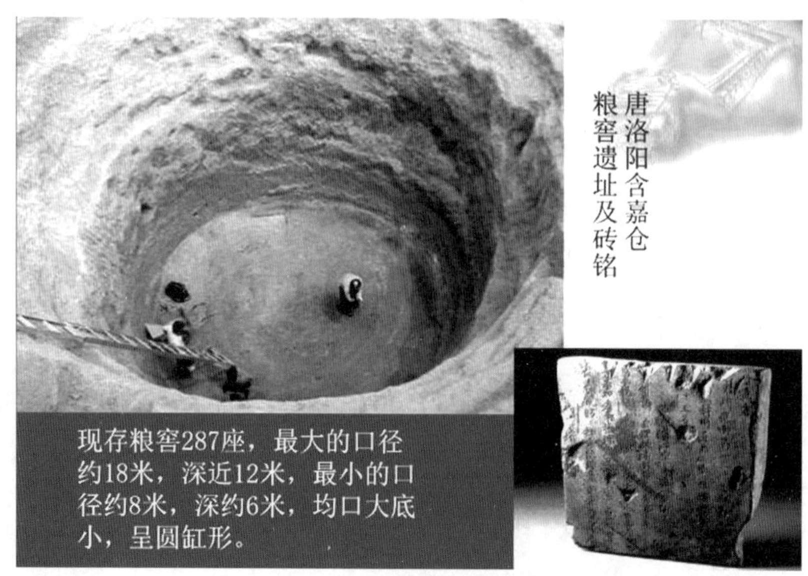

图 8-7　洛阳含嘉仓遗址

2. 果蔬

隋、唐时代的栽培水果类主要是：葡萄、桃、梨、杏、李、栗、枣、柰、橘、柑、樱桃、石榴、枇杷、龙眼等。唐代以前，葡萄多种植于皇家苑囿之中，民间葡萄种植较少，没有形成规模，葡萄的品种也不断退化。入唐以后，葡萄在中原地区逐渐得到了推广种植。山西太原一带的葡萄种植面积最大，成为当时葡萄种植和葡萄酒生产的重要基地。唐玄宗开元时期，葡萄已成为太原府的重要土贡之一。唐人还培育出一些优良的葡萄品种，段成式《酉阳杂俎》[①] 卷十八载："贝丘之南有葡萄谷，谷中葡萄可就其所食之。或有取归者，即失道，世言王母葡萄也。天宝中，沙门昙霄因游诸岳至此谷，得葡萄食之。又见枯蔓堪为杖，大如指，五尺余。持还本寺，植之，遂活。长高数初，荫地幅员十丈，仰观若帷盖焉。其房实磊落，紫莹如坠，时人号为'草龙珠帐'。"

桃是中原地区产量较大的一种水果，王母桃是唐代著名的优良品种，段成

① 张仲裁．酉阳杂俎［M］．北京：中华书局，2017-04.

式《酉阳杂俎续集·支植下》载："王母桃，洛阳华林园内有之。十月始熟，形如括蒌。俗语曰：'王母甘桃，食之解劳。'亦名西王母桃。"梨在中原地区种植得也非常广泛。川晋绛黄消梨、陕府凤栖梨、青州水梨、郑州鹅梨、河北真定的紫花梨在唐至五代时期都曾作为贡品。李子亦是中原地区产量较大的一种水果。洛阳出产的嘉庆李很是著名，白居易《嘉庆李》诗云："东都绿李万州栽，君手封题我手开。"[①] 杏树往往成林成片，如济南郡东南的分流山，"山上多杏，大如梨，黄如橘，土人谓之'汉帝杏'，亦曰'金杏'"（段成式《酉阳杂俎·木篇》）。枣则不仅是果品，且常作为粮食，故政府十分重视枣树的栽培，如唐代规定，"永业之田，树以榆、枣、桑及所宜之木，皆有数"[②]（《新唐书》）。樱桃栽植量有限，普遍视樱桃为一种珍贵的水果，如唐太宗《赋得樱桃》诗云："昔作园中实，今来席上珍。"[③] 樱桃初下之时，正值进士科考放榜之际。新进士及第，常要开所谓的"樱桃宴"。柰，质绵，味甜带酸，不耐储藏。唐代关中出产绿柰，吴融《和韩致光侍郎无题三首十四韵》之一云："绿柰攀宫艳，青梅弄岭珍。"[④] 石榴又名安石榴、涂林，唐代时石榴已成为中原地区的一种普通水果，洛阳出产的石榴比较出名，常作为贡品。

根据隋代之前已栽培的品种和唐人韩鄂的《四时纂要》所载，栽培蔬菜有：蘘荷、葵、薤、蔓菁、萝卜、菘（白菜）、芥、葱、韭、蒜、姜、瓠、黄瓜、甜瓜、西瓜、冬瓜、越瓜、茄子、菠菜、莴苣、水芹、藕、芋、苜蓿、蜀芥、芸薹、菌、百合、枸杞、薯蓣（薯药）、白术、黄精、决明、牛膝、牛蒡等。其中莴苣、菠菜都是隋唐引进的。莴苣又名千金菜，为隋代引进。陶穀《清异录》载："高国食者来汉，隋人求得菜种，酬之甚厚，故因名千金菜，今莴苣也。"[⑤] 西瓜则被认为是五代人胡峤回归中原后引进的。盖因"西瓜"

① 白居易．白居易诗集校注·卷第十八［M］．北京：中华书局，2006-07.
② 欧阳修，宋祁．新唐书（全二十册）［M］．北京：中华书局，2003-07.
③ 吴云，冀宇．唐太宗全集校注［M］．天津：天津古籍出版社，2004-2.
④ 〔唐〕韩偓．韩偓集系年校注·卷四［M］．北京：中华书局，2015-8.
⑤ 〔宋〕陶穀．清异录［M］．北京：中华书局，1991.

一词最早见于其所著的《陷虏记》，书中载："自上京东去四十里，至真珠寨，始食菜。明日东行……遂入平川，多草木，始食西瓜。云契丹破回纥得此种，以牛粪覆棚而种，大如中国冬瓜而味甘。"① 但其是否带回瓜种，并无翔实、准确的记载。瓜类中，"御蝉香"是唐武宗御封的瓜品，陶穀《清异录·百果门》载："洛南，会昌中，瓜圃结五六实，长几尺而极香，类蛾绿。其上皱文，酷似蝉形。圃中人连蔓移上槛，贡上。命之曰'御蝉香''抱腰绿'。""淀脚绡"是河南开封的优良瓜种，被认为是瓜类之魁，陶穀《清异录·百果门》载："夷门瓜品淀脚绡夹鹑，其色香味可魁本类也。"在栽培技术上，《四时纂要·三月》载："种菌子，取烂构木及叶，于地埋之。常以泔浇令湿，两三月即生。又法，畦中下烂粪，取构木可长六七尺，截断磓碎，如种菜法，于畦中匀布，土盖、水浇、长令润。"这是中国食用菌栽培的最早记载。都城长安附近有地热水资源，地热水栽培也有了利用。《新唐书·百官志》载："庆善石门温泉汤等监，每监监一人……凡近汤所润瓜蔬，先时而熟者，以荐陵庙。"② 唐人王建诗云："酒幔高楼一百家，宫前杨柳寺前花。内园分得温汤水，二月中旬已进瓜。"③

3. 茶树：

茶原称荼，灌木或小乔木。野生种遍见于中国长江以南各省的山区，为小乔木。对野生茶树资源驯化栽培的最早记载见于东晋常璩的《华阳国志·巴志》中，巴国为西周纳贡的记载："桑、蚕、麻、纻、鱼、盐、铜、铁、丹、漆、茶、蜜、灵龟、巨犀、山鸡、白雉、黄润、鲜粉，皆纳贡之。"④ 隋、唐之前，四川、陕西、湖南等地已有茶树栽培。唐代中期以后，产茶区域扩大。据《茶经》⑤《新唐书·地理志》《唐国史补》等文献记载，产茶地有五十余

① 〔宋〕欧阳修．新五代史·卷七十三［M］．北京：中华书局，1974-12.
② 〔宋〕欧阳修，宋祁．新唐书（全二十册）［M］．北京：中华书局，2003-07.
③ 〔唐〕王建．王建诗集校注·卷第九［M］．成都：巴蜀书社，2006-06.
④ 〔晋〕常璩．华阳国志校补图注［M］．任乃强，注．上海：上海古籍出版社，1987-07.
⑤ 〔唐〕陆羽．茶经（中华生活经典）［M］．杜斌，评注．北京：中华书局，2020-06.

州郡。涉及今之江浙、两湖、甘陕南部、云贵、两广、豫南、闽赣地区。其中，湖北宜昌、远安，河南光山，浙江长兴、余姚，四川彭山所产最受称道。

茶的栽培技术也相当成熟。《茶经》《四时纂要》中对植茶的土地、播种、催芽、管理都有翔实的总结和记载。

二、养殖业

1. 家畜

唐代全盛时期，陇右官营牧场马、牛、驼、羊的数量保持在60万头至100万头之间，这是空前的纪录。据《新唐书·兵志》[①] 记载："自贞观至麟德，四十年间，马七十万六千，置八坊岐、豳、泾、宁间，地广千里。……八坊之田，千二百三十顷，募民耕之，以给刍秣。八坊之马为四十八监，而马多地狭不能容，又析八监列布河西丰旷之野。"唐代养马不仅规模大，而且重视马匹的饲养技术和管理体制，并建立了完善的马籍制度，保证了国防用马的需要。

养牛也很受重视，因为牛被认为是一种特殊牲畜，既是生产工具，又可为人们提供肉食。据《新唐书·张廷珪传》[②] 记载，张廷珪曾上书武则天，说："君所恃在民，民所恃在食，食所资在耕，耕所资在牛。牛废则耕废，耕废则食去，食去则民亡，民亡则何恃为君？"这是从牛对农业生产的重要性的角度立言的。

唐代的养猪，除一家一户的零散饲养外，国家还设置机构专门养猪。据《新唐书·卢杞传》[③] 记载，卢杞于唐代宗大历年间为虢州（今河南灵宝）刺史，其间曾向代宗上奏说："虢有官豕三千，为民患。"一个州的官办养猪场存栏3000头，规模是不小的，这种养猪场在其他地方也有。这一时期养羊业

---

① 〔宋〕欧阳修，宋祁．新唐书（全二十册）［M］．北京：中华书局．2003-07.
② 〔宋〕欧阳修，宋祁．新唐书（全二十册）［M］．北京：中华书局，2003-07.
③ 〔宋〕欧阳修，宋祁．新唐书（全二十册）［M］．北京：中华书局，2003-07.

很发达，唐代在同州沙苑设立专门的养羊机构沙苑监，牧养各地送来的羊，以供宴会、祭祀和尚食所用。中原地区还培育出一批优良品种的羊，如同州羊、河东羊等。其中，最著名的是同州羊。同州羊，又名苦泉羊、沙苑羊。据李吉甫《元和郡县图志》卷载，关内道同州朝邑县有苦泉，“在县西北三十里许原下，其水咸苦，羊饮之，肥而美。今于泉侧置羊牧，故俗谚云：‘苦泉羊，洛水浆。’”[①] 同州朝邑县即今陕西大荔沙苑地区。同州羊至今仍是我国最优良的绵羊品种之一。

唐代对官营牧场的管理非常严格，很多措施符合科学化和规范化的要求。如对不同牲畜所供应饲料的种类和数量都有相应的标准，据《唐六典》记载：“凡象日给槁六围，马、驼、牛各一围，羊十一共一围，每围以三尺为限也。蜀马与骡，各八分其围，骡四分其围，乳驹、乳犊共一围，青刍倍之。凡象日给稻、菽各三斗，盐一升；马粟一斗，盐六勺，乳者倍之；驼及牛之乳者、运者各以斗菽，田牛半之；驮盐三合，牛盐二合；羊粟、菽各升有四合，盐六勺。”[②] 由此也可看出当时养殖业的水平。

2. 家禽

尚无唐代大型家禽饲养场的记载，但一家一户的零散饲养很普遍。其中，养鸡可蛋肉兼得，最受欢迎，是每一个家庭不可缺少的副业项目。唐代斗鸡盛行，从一个侧面也促进了肉鸡养殖业的发展，这主要表现为鸡种的培育上。唐人培育出了乌鸡等一批优良鸡种。在唐代农村，黍米饭佐以鸡肉的“鸡黍”为风味佳肴。如孟浩然《过故人庄》诗云：“故人具鸡黍，邀我至田家。”[③] 便是一证。鸭、鹅的养殖也有发展，以养鸭为生以及大群放牧的饲养形式出现，俗称“蓬鸭”。据《隋书·经籍志》[④] 记载，当时还出现《相鸭经》一书，说

① 〔唐〕李吉甫．元和郡县图志［M］．北京：中华书局，1983-06.

② 〔唐〕李林甫．唐六典［M］．陈仲夫，校．北京：中华书局，1992-01.

③ 〔唐〕孟浩然．孟浩然诗集校注［M］．北京：中华书局，2018-6.

④ 〔唐〕魏征．隋书（全六册）［M］．北京：中华书局．1973. 08.

明当时对鸭的鉴定、饲养、繁育技术也有一定研究。《新唐书·百官志》[①] 也有“钩盾署，掌薪炭鹅鸭”的记载。鸽子也有养殖，唐《开元天宝遗事》[②] 载：“张九龄少年时家养群鸽，每与亲知书信往来，只以书系鸽足上，依所教之处飞往投之，九龄目之为飞奴。”这是中国信鸽的最早记载。至五代，食鸽风起，宋人的《南唐近事》一书云：“陈诲嗜鸽，驯养千余只。”[③] 此为中国饲养肉鸽的最早记载。五代时期还选育出了体态娇美的观赏鸽。据《清异录（饮食部分）》载：“豪少年尚畜鸽，号半天娇人；以其蛊惑过于娇女艳妖，呼为插羽佳人。”[④]

图 8-8 隋、唐猪、狗、牛、马、羊陶俑

---

① ［宋］欧阳修，宋祁．新唐书（全二十册）［M］．北京：中华书局，2003-07.

② ［唐］王仁裕．开元天宝遗事［M］．上海：上海古籍出版社，2012-07.

③ ［宋］郑文宝．南唐近事［M］．北京：商务印书馆，2000-01.

④ ［宋］陶谷．清异录（饮食部分）［M］．北京：中国商业出版社，2021-01.

3. 水产

隋唐五代时期，淡水养鱼有了长足进步，主要表现在鱼种的采集和培养方面。人们掌握了鱼的产卵规律，在鱼的产卵季节，采用捞取河泥、水草等方法，获得所附在的鱼卵。此种方法的普及，使养鱼及鱼苗的培育更容易掌握和操作，对促进养鱼业的发展有重要作用。还有利用养鱼开荒种稻的方法。据《岭表录异》载：在较平的荒芜山田上，“锄为町畦，伺春雨，丘中聚水，即先买鲩鱼子散于田内。一二年后，鱼儿长大，食草根并尽。既为熟田，又收鱼利，及种稻，且无稗草，乃齐民之上术”①。宋书《太平广记》② 中，有唐人捕鱼、食鱼、鱼精怪、鱼商、鱼贩等诸多记载。《食疗本草》③ 《千金方》④《食医心鉴》等药典专门提及鱼的药用功能。《新唐书》《旧唐书》中有关于土贡鱼品、官方设置河渠署来管理渔业的描述。《酉阳杂俎》的鳞介篇专门介绍各类鱼品的体长、颜色、习性及一些地区的食鱼习俗。《唐律疏议》有禁食鲤鱼的法律条文。唐代李为国姓。鲤、李同音，因此有不得捕食鲤鱼的禁令⑤。虽未真正落实，但也对多鱼种养鱼起了促进作用。

---

① 〔唐〕刘恂．岭表录异［M］．鲁迅，校勘．广州：广东人民出版社，1983-06.

② 〔宋〕李昉．太平广记（全十册）［M］．北京：中华书局，2003-06.

③ 〔唐〕孟诜原．食疗本草译注：中国古代科技名著译注丛书［M］．郑金生，张同君，注．〔唐〕张鹏增，补．上海：上海古籍出版社．2007-12.

④ 〔唐〕孙思邈．千金方［M］．长春：吉林出版集团有限公司，2011-01.

⑤ 岳纯之．唐律疏议［M］．上海：上海古籍出版社，2013-12.

图 8-9　隋、唐家禽陶俑

三、手工业

隋、唐朝统一后，国内出现一个相对安定的环境，全国各地区物产的流通，南北手工技艺的交流，社会需求的不断增长，使手工业的发展进入了一个新的阶段。这个时期的手工业大体可分为三类：一是与农业相结合的小农家庭手工业，二是小手工业者独立经营的作坊手工业，三是大手工业主和官僚、地主经营的大作坊手工业。其中，第一类数量最多，分布在全国广大农村，其次是第二类，主要聚集在城市，第三种数量较少，但规模都较大。唐代设少府监掌握百工技术，下设五署，据记载唐玄宗时官手工业的工匠有 3 万多人。小农家庭手工业一般规模都较小，以家庭范围为限，产品数量少。在城市里，各种手工业者往往都是集聚在同一条街或同一个坊巷内，故唐代所谓的“坊”，有时也是手工业区的通称，或是手工业店铺的名称，如“铜坊”“纸坊”“染坊”

“官锦坊”“冶成坊”等。

图 8-10　唐代作坊图

1. 纺织业

隋、唐的纺织业以丝织为主要，最为发达的地区是四川、河北、山东、江苏扬州等地。四川是唐代织造进贡丝织品的主要地方，蜀地生产的蜀锦，益州生产的金银丝织物，是当时名贵产品。据《旧唐书·五行志》记载："蜀川献单丝碧罗龙裙，缕金为花鸟，细如丝发，鸟子大如黍米，眼鼻嘴俱成，明目者方见之。"[①] 唐代规定两税征收实物，四川“每年两税一半与折纳重绢”[②]。河北定州是一大纺织业中心，据唐《通典》中记载，在全国州郡贡丝织品的数量上定州是第一。山东青州纺织业也极为发达。《太平广记》卷三〇〇引《广异记》中说，“开元初……天下唯北海绢最佳”[③]。江南的丝织业也十分发达。

① 〔后晋〕刘昫等．旧唐书［M］．北京：中华书局，1975-05.
② 〔清〕董诰等．全唐文·卷七十八［M］．北京：中华书局，1983-11.
③ 〔宋〕李昉．太平广记（全十册）［M］．北京：中华书局，2003-06.

据《新唐书·地理志》记载，江南各州都有著名产品。如润州有衫罗、水纹绫、方纹绫、鱼口绫、绣叶绫、花纹绫，湖州有御服乌眼绫，苏州有八蚕丝、绯绫，杭州有自编绫、绯绫，睦州有文绫，越州有宝花罗、花纹罗、白编绫、交梭绫、十样花纹绫、轻容生縠，等等。

图 8-11　陕西法门寺地宫出土的唐代丝织绣品

图 8-12　甘肃敦煌出土的唐代丝织品

2. 陶瓷业

隋、唐时代是我国瓷器生产的重要阶段，基本形成了“南青北白”的局面，即分别以越窑、邢窑为代表的南方青瓷系列和北方白瓷系列，其瓷窑以龙窑和馒头窑为别。浙江绍兴是当时南方的制瓷中心，鼎州、婺州、乐州、寿州、洪州等地均有瓷器，以青瓷最为著名，器物明彻如冰，莹洁如玉，釉色达到纯洁温润的地步，越窑的瓷器除了供给国内需要外也向东传播到日本，向南经海路达到埃及。邢窑的中心是邢台，作为北方的制瓷重镇，它所出产的瓷器坚实耐用，土质细润，由于色彩比较素淡，称为“白瓷”。制陶技术也有发展，这就是“唐三彩”的出现。唐三彩的制造得益于铅釉陶制造工艺的娴熟，当时的工匠在铅釉中掺和了少量的铁和钴的氧化物，烧制出来后，就呈现了三色釉，以青、绿、铅黄为主，在唐三彩中最为名贵的是蓝色的，世称“蓝三彩”，也称“三彩加蓝”。唐三彩釉陶是唐代陶瓷中具有特殊作用和风格的奇葩。

图 8-13　隋代青釉印花带盖唾壶

图 8-14　隋代青釉兔钮莲瓣纹杈

图 8-15　隋代白釉罐

图 8-16　唐代邢窑陶瓷

图 8-17　唐三彩刻花三足盘

图 8-18　唐三彩女骑俑

3. 雕版印刷业

结合在敦煌、吐鲁番、西安、成都等处考古发现及文献记载，中国古代雕版印刷术最早可能出现于唐初的贞观年间。公元 824 年，诗人元稹为白居易的《白氏长庆集》作序，其中说道，《白氏长庆集》“至于缮写模勒，炫卖于市井”①。“模勒”二字，一般解释为雕版印刷。唐代的雕版印刷术产生后，主要的刻印机构是寺庙民间作坊。五代十国时期，雕版印刷术有了很大的发展，中原政权大力提倡刻印书籍，地点相对来说较为集中，集中于汴州和洛州。这两州的印刷业规模都很大。五代十国时期是雕版印刷非常重要的发展时期，继承了唐的雕版印刷，并对宋的印刷术产生了重要的影响，宋的活字印刷术正是在唐、五代的雕版印刷术的基础上发展而来的。

① 〔唐〕白居易．白居易文集校注·卷第八［M］．北京：中华书局，2011-1.

二月甲戌
皇帝自东封还賞赐有差丙子
上躬耕於兴庆宫侧尽三百步辛巳道
鸿胪卿崔琳使於吐番琳神庆之子
也壬午
上幸凤泉汤癸未还京师三月丁卯
上幸骊山温泉丁丑还宫戊寅以单于
大都护忠王浚领河北道行军元帅
以御史大夫李朝隐京兆尹裴伷先
副之帅十八总管以讨奚契丹命与
百官相见于光顺门庚辰
皇帝幸骊山温泉甲申还宫乙酉
上幸凤泉汤丁亥还宫召见石官賞赐

图 8-19　唐代印刷报纸《开元杂报》

4. 造船业

隋朝建立后，南北统一，经济实力盛极一时，造船技术有了很大的提高。公元 605 年，隋炀帝从洛阳出游扬州时乘坐的龙船，高约 13 米，长 55 米，共分 4 层。上层是正殿、内殿、东西朝堂。入唐后，与海外交往日益频繁，造船业飞跃发展。中国古代四大航海船型之一的沙船在唐代定型，它具有宽、大、扁、浅的特征，稳定性居诸船型之首，驾起来轻便灵活，航速较快，很快被官方和民间广泛采用，不仅用作各式客、货民用船，而且也充当各类军用战船。唐代还出现一种机械船——车船，此船的两侧装有两个轮子，船员用脚踏踩，激水前进，速度之快超过了同时代的任何船只。当时在造船技术上的突破是发明和使用了水密隔舱，将船舱用隔舱板隔成数间，并予以密封，提高了船舶的抗沉性能，增强了船体的抗压能力。水密隔舱的出现是中国对世界造船技术的一大贡献。

图 8-20　《大运河史诗图卷》隋炀帝龙舟

图 8-21　唐代车船模型

5. 金银器制造业

唐代金银器具有很高的艺术价值，是当时重要的手工艺品。据不完全统计，截至2020年6月，中华人民共和国建立以来国内已经发现唐代各类金银器皿530多件，分别出土于窖藏、地宫、墓葬之中。唐代金银器造型精美，工艺复杂精细，经鉴定证实，当时已普遍采用了镀金、浇铸、焊接、切削、抛光、铆、镀等工艺，制造工艺达到了很高的水平。在器物成型方面，除了铸造的以外，唐代多使用锤击成型法。这种技法最早出现于西亚地区，唐代匠师接受了这种技法，遂使金银器制造工艺发展到新的阶段。金银器的制造部门分“行作”“官作”两类，而以后者为主。“行作”即为民间金银行工匠制作，质量较官营手工业差。“官作”即指少府监中尚署所管辖的金银作坊院。中、晚唐时又设文思院，掌造宫廷所需的金银、犀玉工巧之物，金采、绘素装钿之饰，以宦官任文思使，为内诸司之一。

图 8-22　唐天鹅团花金碟

图 8-23　唐代金银茶具

第四节　商业的发展与都市

隋、唐两代，统一南北，社会安定，于是生产发达，交通开辟，商业日趋兴隆。《隋书·炀帝记》[①] 载：“（大业元年三月，公元605年）徙天下富商大贾数万家于东京（洛阳）。”可见当时商业之发达。唐代则鼓励商业发展，允

① 〔唐〕魏征. 隋书（全六册）[M]. 北京：中华书局，1973-08.

许买卖住宅、邸店、碾硙。其中碾硙乃磨坊，邸店则是“居物之处为邸，沽卖之所为店”①（《唐律疏议·卷四》）。而唐代的商业正是以邸店为中心，以交通为支撑，走向了一个空前的繁荣。

一、逐渐完备的市场

隋、唐商业分工较细，与当时手工业商品生产是相适应的。我们从两京市制之分“行”，便知梗概。如隋东都洛阳之通远市有一百二十“行”，唐长安东市有二百二十“行”。“行”的增多，表明市的规模增大，商品生产更加发达。隋、唐继承了传统的市里（坊）区分的城市规划体制。坊内不许设置铺店，商肆一律聚集在规定的商业区——“市”。市为封闭型形制，设有市官管理。营业仅限于日中，不许夜市。市内除“肆”外，还设有“廛”及管理官署。中唐以后，因商品活动的迅速发展，这套市制开始动摇。至晚唐，不仅有突破坊墙约束，坊内设店之举，而且还出现了夜市。其时各商业都会都出现了坊市制度的变化。晚唐商业都会之一的扬州，是“十里长街市井连，月明桥上看神仙”②（《纵游淮南》唐张祜）和“夜市千灯照碧云，高楼红袖客纷纷”③（《夜看扬州市》唐王建）。在城中市场以外，城市郊区及交通要道则出现草市。草市是自发形成的，既无市官，也无市制所约束。有些草市因地处交通要冲，商贾云集，各方货物并陈，聚居人口甚众，竟发展成为市镇，甚至成为县治。农村集市则规模有大有小，时间也长短不一，但地点固定。这两类的市，都是城市市制的补充。

各类邸店立于市的周围。由于获利很高，不仅富商巨贾在京师及大商业都会如扬州、成都、汴州等开设邸店谋利，权贵官吏乃至藩镇也都参与经营。外商亦有经营，如长安西市便有“波斯邸”。由于交易活动的需要，城市又出现

---

① 刘俊文．唐律疏议笺解［M］．北京：中华书局，1996-06.

② 〔元〕辛文房．唐才子传笺证·卷第六［M］．北京：中华书局，2010-9.

③ 〔唐〕王建．王建诗集校注·卷第八［M］．成都：巴蜀书社，2006-6.

了专营存贷款业务的“柜坊”，如长安西市就有“柜坊”。虽然隋唐仍以绢帛作通货，但都铸钱并统一金属货币。唐代除铜外，金、银也进入了法币行列。商旅为求方便，重货币轻绢帛，绢帛通货作用下降，金属货币需求激增，从而发生“钱荒”，于是“飞钱”（汇兑）之制应运而生。“飞钱”最早出现于唐代中期（唐宪宗年间），“宪宗以钱少，复禁用铜器。时商贾至京师，委钱诸道进奏院及诸军（地方的驻京办事处）、诸使富家，以轻装趋四方，合券乃取之，号‘飞钱’”①（《新唐书·卷54·食货志》）。即商人外出经商先到官方开具一张凭证，上面记载着地方和钱币的数目，之后持凭证去异地提款购货。此凭证即“飞钱”。

图 8-24　唐代商旅图（壁画）

① 〔宋〕欧阳修，宋祁．新唐书（全二十册）［M］．北京：中华书局，2003-07.

二、交通的巨大促进作用

隋、唐商业交通有较大的发展。隋代除继承前代所经营之全国官道系统，在筑路方面更有新发展。唐代继承了隋代经营的全国干道网，并陆续增修了许多地区道路，以适应发展地方经济需求。而且积极经营边区及通往域外的道路，以促进与边区少数民族以及西域和南海各国的经济文化交流。在商业交通方面具有极其重大意义的是大运河，隋代修建、开通南北大运河，使黄河、淮河及长江三大江河水系联为一体，为漕运便利、南北经济交流、发展各区域经济和政治一统做出了极大贡献。

唐代视大运河为生命线，除经常加以维修疏浚外，还进行了一些重点改善工程。尤其是对汴河的治理，也是卓有成效的。通过大运河的漕运，保证了京师的粮食供应与战争需要。从商业角度上看，运输成本比陆运大大降低，河道上“商旅往还，船乘不绝”[①]（《旧唐书·李勣传》），“其交广、荆、益、扬、越等州，运漕商旅，往来不绝”[②]（《通典·州郡典·河南府》），“北通涿郡之渔商，南运江都之转输，其为利也博哉”[③]（皮日休《皮子文薮》），唐人诗云“万艘龙舸绿丝间，载到扬州尽不还。应是天教开汴水，一千余里地无山。尽道隋亡为此河，至今千里赖通波。若无水殿龙舟事，共禹论功不较多”[④]（皮日休《汴河怀古二首》）应该是相当客观的评价。在重视南北干线大运河的同时，唐代还积极开凿地区性运河，建构成了天然河流与人工运河相结合的全国水运网。由庞大的道路系统与水运网组成的全国水陆交通体系，是唐代经济发展、商业繁荣的重要保证。也是依靠这套交通体系，唐王朝在经济重心南移的格局下，以江南财富来支持东西二都，管控地方，维护了国家的统治。

---

① 〔后晋〕刘昫等．旧唐书［M］．北京：中华书局，1975-05.

② 〔唐〕杜佑．通典（全五册）［M］．北京：中华书局．1988-12.

③ 〔唐〕皮日休，萧涤．皮子文薮［M］．北京：中华书局上海印，1959-06.

④ 〔清〕彭定求等．全唐诗·卷六百十五［M］．北京：中华书局，1960-4.

三、商业都会的繁荣

商业流通依赖运输的畅通，与其他运输方式相较，水运以其运输量大、成本低廉、较为便捷而为商业流通之首选。因此，城市大多傍江依河，方有商业发展和物阜民丰，才有商业都会、经济中心的形成。隋、唐的商业都会因陆路交通和运河水运的进一步发展，较前代更加繁荣。如大运河线上之汴州、岭南海港之广州，都属于此种类型。在新兴商业都会中，扬州、益州（成都）的经济地位超过长安、洛阳。尤以扬州最为突出。其位于江淮交汇处大运河线上，且近海口，又有富饶的江南经济区作背景，遂成为大型商业都会、重要的对外贸易港口。“商贾如织。故谚称‘扬一益二’，谓天下之盛，扬为一而蜀次之也”①（《容斋随笔》）。

1. 长安

长安城，是隋、唐两代的首都、京师。唐长安城初名京城，唐玄宗开元元年（公元713年）称西京，唐肃宗元年（公元756年）称上都。唐长安城由外郭城、皇城和宫城、禁苑、坊市组成，有2市108坊，面积约87.27平方公里，城内百业兴旺、宫殿参差毗邻，人口号称百万。唐诗云：“天门街西闻捣帛，一夜愁杀湘南客。长安城中百万家，不知何人吹夜笛。”②（《秋夜闻笛》唐岑参）东市和西市是唐长安城的经济活动中心，也是当时全国工商业贸易中心，还是中外各国进行经济交流活动的重要场所。这里商贾云集，邸店林立，物品琳琅满目，贸易极为繁荣。东市和西市跟里坊一样，四周皆有高大的围墙，宋敏求《长安志》等记载，每个市约占2个坊的面积。东市南北长1000余米，东西宽广24米，面积为0.92平方公里。市的四周，每面各开二门，共有八门。市周墙处大街北（春明门大街）宽120米，东、南、西三面各宽122米。这一宽阔街道的效用是便于商业运输和市民入市前车马的停靠。东市由于

① 〔宋〕洪迈，孔凡礼．容斋随笔（全二册）［M］．北京：中华书局，2005-11.

② 〔唐〕岑参．岑嘉州诗笺注·卷之七［M］．北京：中华书局，2004-9.

靠近三大内（西内太极宫、东内大明宫、南内兴庆宫），周围坊里多皇室贵族和达官显贵宅第，故市中“四方珍奇，皆所积集”①（《长安志·东市》），市场经营的商品，多上等奢侈品，以满足皇室贵族和达官显贵的需要。

西市南北1031米，东西927米，面积0.96平方公里，内有南北向和东西向均宽16米的平等街道各两条，四街纵横交叉成“井”字形，将整个市内划分成9个长方形区域。市内设有专门的管理机构——市局和平准局。交易区也都是集中在一个四面有墙、开设市门的较为封闭的场所内。西市距三内较远，周围多平民百姓住宅，市场经营的商品，多为衣、烛、饼、药等日常生活品。西市比东市更为繁荣，是长安的主要工商业区和经济活动中心，因此又被称为“金市”。

西市距丝绸之路起点开远门较近，周围坊里居住有来自中亚、南亚、东南亚及高丽、百济、新罗、日本等国家与地区的商人，以中亚与波斯（今伊朗）、大食（今阿拉伯）的为最多。这些外国的客商以其香料、药物交易中国的珠宝、丝织品和瓷器等。故西市中多有外商店铺，如波斯邸、珠宝店、货栈、酒肆等，从而成为国际性的贸易市场。唐代政府对东、西两市实行严格的定时贸易与夜禁制度。两市的大门，早晚随长安城城门、街门和坊门共同启闭，并设有门吏专管。

---

① 〔宋〕宋敏求．长安志［M］．西安：太白文艺出版社，2007-06.

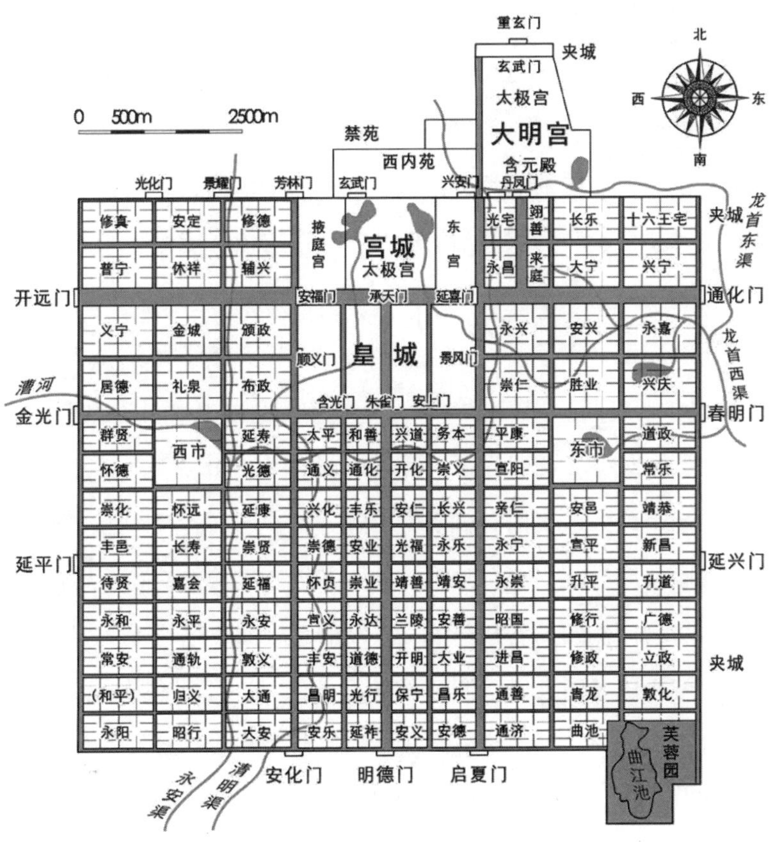

图 8-25　唐长安城图

2. 洛阳

隋、唐洛阳城始建于隋炀帝大业元年（公元 605 年）。是年，隋炀帝迁都洛阳，下诏令尚书令杨素、将作大匠宇文恺等，于洛阳故王城东、汉魏洛阳城西，营建东京。每月役丁 200 万人，其中筑宫城（紫微城）者 70 万人，建宫殿墙院者 10 多万人，土工 80 多万人，木工、瓦工、金工、石工共有 10 多万人。在营建东京洛阳时，宇文恺“揣帝心在宏侈，于是东京制度穷极壮丽”①（《隋书·列传·卷三十三》）。隋、唐洛阳城作为东都（东京），与长安城并

① 〔唐〕魏征．隋书（全六册）［M］．北京：中华书局，1973-08.

列为隋、唐时期全国的政治、经济、文化中心，是丝绸之路的东方起点之一。隋唐洛阳城占地 47 平方公里，由外郭城、皇城、宫城以及东城、含嘉仓城、圆壁城和曜仪城等小城构成。城西还有西苑。全城共有 109 个坊里和三个市场。商业贸易集中在城内的南市、西市、北市三个市场，其中北市、南市也是国际商品的主要集散地，为求贸易的便利，三市均依傍能行船的河渠，可以直通大运河。

城市居民的住宅区：隋称“里”，唐称“坊”。坊平面呈正方或近方形，长宽在 500~580 米之间。周围有坊墙，墙正中开门，坊正中设十字街“四出趋门”。据《唐六典》及《旧唐书》记载，城中设 3 市，北市在洛北，西市、南市在洛南。南市最大，市内有纵横街道各 3 条，四面各开 3 门。里坊是居民宅院、宗教寺庙及中央或当地行政机构的所在地。里坊的街巷布局包括：东西南北大街、环坊墙内侧的街巷和其他一些小的巷、曲。这样十字街再加上小的巷、曲相隔，就构成了隋、唐洛阳里坊的内部结构，居民住宅就分布在诸巷、曲之内。郭城内三分之一的里坊分布在洛河以北，一般百姓人家居多，其余分布于洛河以南，多为达官显贵的邸宅，不少被精心营建为园林。

3. 扬州

扬州地处长江中下游平原东端，东与泰州、盐城市交界；西通南京，与六合、天长县接壤；南临长江，与镇江、常州隔江相望；北接淮水，与淮安、盐城市毗邻；中有京杭大运河纵贯南北。扬州作为一个地名的历史，可以上溯至春秋时期或更早。但古“九州”中所指的“扬州”，是一个广泛的地理概念，范围相当于淮河以南的中国东南地区。公元前 319 年楚国筑广陵城。广陵便是今日扬州的发祥地。西汉时期，刘邦封其侄刘濞为吴王，以广陵为都城。三国时魏吴战乱，广陵成为江淮一带的军事重地。北周时，广陵更名为“ 吴州 ”。

公元 589 年隋统一中国，隋文帝改“ 吴州 ”为“ 扬州 ”。唐建中四年（公元 783 年）淮南节度使陈少游深沟高垒修筑广陵城，乾符六年（公元 879 年）淮南节度使高骈“缮完城垒”。唐代扬州城包括子城和罗城两个部分，城

周长20公里。子城筑在蜀冈之上，为官府衙署集中区，也称牙城或衙城。城周长6850米，面积约2.6平方公里。城墙为土筑，城外有濠。子城四面各开一门，城内设十字街贯通四门。南北大街长1400米，东西大街长1860米，街宽10米左右。南门是子城主要城门，为“一门三道”结构，中间门道宽7米，两侧均宽5米，是与罗城通连的通道。罗城筑在蜀冈之下，为居民区和工商业区，罗城呈长方形，南北长4300米，东西宽3120米。唐代扬州是当时中国仅次于京城长安和洛阳的第三大城市和最大的商业城市，其时手工业发达，商业繁华，文化艺术繁荣，人文荟萃，是全国最大的贸易市场和货物集散地，又是中外交通的著名港口和国际大都会。在以长安、洛阳为中心的水路交通网中，扬州始终起着枢纽作用。唐朝的南北粮草、盐、钱、铁的运输都要经过扬州。很多来自各地的客商侨居在城内，从事着贸易往来，使得扬州城工商业发达，在江淮之间“富甲天下”，成为中国东南第一大都会，唐末五代时遭到严重破坏。唐人诗云：“萧娘脸薄难胜泪，桃叶眉尖易觉愁。天下三分明月夜，二分无赖是扬州”[①]（《忆扬州》唐·徐凝）“青山隐隐水迢迢，秋尽江南草未凋。二十四桥明月夜，玉人何处教吹箫”[②]（《寄扬州韩绰判官》唐·杜牧）是为对扬州的赞赏。

4. 成都

成都又称锦城、锦官城、芙蓉城，别称“蓉城”。成都为古蜀国故地。大约距今2500年前，古蜀国开明王把都城从樊乡（今彭州、新都交界处）迁到此处，取周太王迁岐“一年成聚，二年成邑，三年成都”之意，定名为成都。秦灭蜀，改称蜀郡。西汉时成都织锦业发达，朝廷在此设置“锦官”进行管理，因此，成都又被称为“锦官城”或简称“锦城”。五代时，后蜀主孟昶下令遍种芙蓉，成都又被称为“蓉城”。

从西晋末成汉建立（4世纪初）到唐末五代十国时期，成都的益州别名几

① 〔清〕彭定求．全唐诗（全二十五册）［M］．北京：中华书局，2003-07.

② 〔清〕彭定求．全唐诗（全二十五册）［M］．北京：中华书局，2003-07.

乎就不用了。到五代十国的后蜀第二任皇帝孟昶时，由于在城墙外遍种芙蓉树，到花开时节，满城被芙蓉花所包围。从城外看，如同一座芙蓉城，所以蓉城的别谓自此形成。但是成都的本名却从没有变过。秦、汉时成都的商业发达，人口达到7.6万户，近40万人，成为全国六大都市（长安、洛阳、邯郸、临淄、宛、成都）之一，“少城”为成都商业最发达的城区，各类货物堆积如山，商店、货摊栉比。

隋、唐时期，成都经济发达，文化繁荣，佛教盛行。成都成为全国商业都会，农业、丝绸业、手工业、商业发达，造纸、印刷术发展很快，经济地位有所谓“扬一益二”（扬州第一，成都第二）之说。“蜀绣”为全国三大名绣之一，“蜀锦”被视为上贡珍品，产量全国第一。成都是雕版印刷术的发源地之一，唐代后期，大部分印刷品出自成都。成都除了有全国重要的菜市、蚕市外，还有“草市”，分布在邻近地区的乡镇。唐代成都文学家云集，大诗人李白、杜甫、王勃、卢照邻、高适、岑参、薛涛、李商隐、雍陶、康术等短期旅居成都。唐代成都开发了开摩河池、百花潭等观光胜地，贞观年间在城北修建了建元寺，大中年间改名为昭觉寺，称川西第一禅林。“九天开出一成都，万户千门入画图”①（《上皇西巡南京歌十首》其二）是唐代诗人李白笔下的成都。“层城填华屋，季冬树木苍。喧然名都会，吹箫间笙簧”②（《成都府》）是杜甫笔下的成都。唐代是成都最繁荣的朝代。

5. 广州

广州简称穗，濒临南海，为西江、北江、东江三江汇合处。广州又称“羊城”“穗城”。相传古代有五位仙人，骑五色羊，各携带一串谷穗降临此处，仙人把谷穗赠给居民，祝福此地五谷丰登、永无饥荒。后仙人飘然而去，留下五羊化为石头。因此，后人又称广州为“羊城”“五羊城”“仙城”“穗城”。唐代中央政府为了促进广州的对外贸易，专门下令开辟了大庾岭山路。大庾岭

---

① 〔清〕彭定求．全唐诗（全二十五册）［M］．北京：中华书局，2003-07.

② 〔明〕高棅．唐诗品汇．五言古诗卷之七［M］．北京：中华书局，2015-1.

位于粤赣两省边界，是南北交通的障碍，未开新路之前，只有蜿蜒小径可以通过。来往商旅只能肩挑背负运输货物，使广州与北方贸易受到了极大的限制。新路开辟之后，陆路交通方便，再加大庾岭的北面有赣江及其支流谷地，南面有北江及其支流的河谷，这些河谷和内河水运为南北交通提供了条件，广州的商业地位得到提高。

广州由秦汉起，一直是中国对外贸易的重要港口城市，是海上丝绸之路的起点。据《新唐书·地理志》记载，到唐代时，这条海上“丝绸之路”被称为“广州通海夷道”，其航程从广州起，经南海、印度洋，直驶巴士拉港，到达东非赤道以南海岸，全程14000多公里，经过30多个国家，是当时世界上距离最长的远洋航线，输入广州的舶来品以香料为主，其次是海产品、金属、动物、木藤品等；而广州出口的商品则以丝绸为大宗，其次是陶瓷、茶叶和糖等。广州是世界著名的东方大港，并首设全国第一个管理外贸事务的机构——市舶使。唐代，广州称为广州都督府，是岭南道的道治与都督府治所在地；广州都督府行政界线南至宝安、中山，北至清远，西至四会、怀集，面积约4.2万平方千米。唐末期刘岩在广州称帝，号称南汉国，广州为兴王府，并在广州地区设置咸宁、常康二县，以模仿帝都长安。广州城从南到北依次为南城、子城和官城，并有蕃坊区，作为外来商人居住和经商的主要场所。唐代，我国通过广州的贸易范围已经扩展到了南太平洋和印度洋各国。有很多华侨在东南亚等地侨居，自称唐人，而且把自己的祖国称为唐山。

四、对外贸易的发展

隋、唐对外贸易相当兴盛。唐代在边界四境分设安西、安南等六都护府，分管陆路、海路对外贸易。在政策上，唐代开放、宽容。公元834年，唐文宗颁布诏令，特别施与在岭南、扬州等地经商的“胡人”以及来自海外的蕃客优惠政策，认为他们“本以慕华而来，固在接以恩仁”①，指令地方长官给予这些商人贸易上的自由。唐朝政府还多次颁布减免税收的规定，唐德宗云：“通商惠人，国之令典。”② 并建立相关商品的交换场所，如岭南地区设置了“獠市”，以方便“胡商”在此处集中贸易。在与吐蕃互市之地赤岭立碑明令，规定公平交易，友好相处“无侵暴”。这些政策吸引了大量外商在华经营、生活乃至定居。由此，中国与中近东、印度、日本、南洋群岛的联系大大加强，商人、使臣来往不绝。海路上，中国船舶可以赴林邑（今越南南部）、真腊（柬埔寨）、河陵（今爪哇岛）、骠国（今缅甸），经天竺（今印度）直至大食（今阿拉伯），与欧洲各国发生关系。广州当时便有南海舶、昆仑舶、狮子国舶、婆罗门舶、西域舶、波斯舶等趸船性的船坞。西方各国则在陆上取道中亚，在莫高窟420窟里，有绘于隋代的“驼队”，西域沿途驼马商旅不断。茶叶成为边境贸易中的重要商品，茶马贸易由此兴起。唐代的茶叶市场虽然仍以内地为主，但也已经开始与边境少数民族之间进行茶叶贸易。通过茶马古道，经拉萨汇合后继续向西，分别通往尼泊尔、印度、不丹等国，南向则经云南通达越南、老挝、缅甸等国。在最为重要的粮食交易上，唐代也对素来“宽进严出”的对外粮食贸易政策予以放宽。“若蕃人须籴粮食者，监司斟酌须数，与州司相知，听百姓将物就互市所交易。”③ 也就是说，周边民族若想与唐朝进行粮食交易，只需得到互市监官、地方长官的允许便可，无须上报朝廷，这对地方经济发展与民族往来，给予了很大优惠。

---

① 〔后晋〕刘昫等．旧唐书［M］．北京：中华书局，1975-05.

② 〔宋〕王钦若等．册府元龟·卷第五百二［M］．南京：凤凰出版社，2006-12.

③ 〔唐〕李林甫．唐六典［M］．陈仲夫，校．北京：中华书局，1992-01.

图 8-26　莫高窟 420 窟隋代驼队

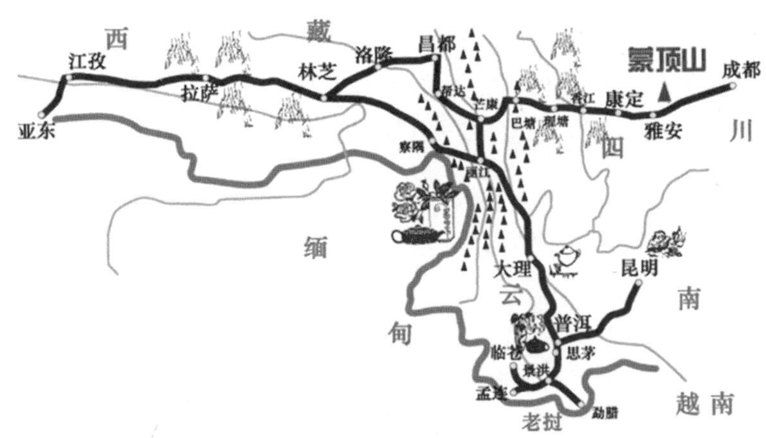

图 8-27　唐茶马古道图

图 8-28　唐代沉船上的外销瓷器

隋、唐两代，中国的茶叶、丝绸、瓷器、造纸术、印刷术西传，印度、中亚文化也给中国文化发展以深远的影响，如服饰、习俗、饮食、宗教、香料等物产等纷纷传入。中国与世界 40 余国和地区保持了友好贸易关系，成为亚洲地区的商业中心。

图 8-29　唐代沉船上的开元通宝

第五节　社会饮食业的发展与新面貌

隋、唐、五代社会饮食业的长足发展及其呈现出的全新面貌，是时代所造就的。尤其是在唐代的鼎盛时期，一统的国家、广袤的疆域、激增的人口、开放和包容的社会环境为社会饮食业快速发展奠定了基础。而经济的兴盛、交通的发达、对外的交流、商业的繁荣则为社会饮食业的进步提供了强劲的动力。可以说，隋唐五代的社会饮食业是中国饮食业走上封建社会时代巅峰之前的重要阶段。

一、食材供应的市场化

食材的供应是饮食业正常经营的保证，长安、洛阳和其他商业都会的食材供应是门类齐全和充足的。这得益于交通的发达，特别是以大运河为主干的水运网络保证了四面八方的各类食材能够走上市场，而土贡制度的加强又使各地优秀的代表性物产能够向政治、商业中心汇聚，对外的开放亦使得域外食材能顺畅地流入，故长安、洛阳和其他商业都会的社会饮食业虽不及官厨能烹八方之珍，但也完全能够满足大众的各类消费需求。

1. 门类齐全的食材市场

发达的种植业、养殖业所生产的谷物、畜禽和域外的食材流入为食材市场提供了可靠的保障。这一时期市场中的粮市、生鲜市、蔬果市、调味料市等市场和行业空前发展和活跃。

粮食市场：

由于政府不限制并鼓励粮食流通，推行“常平”“和籴”制度，长安、洛阳等商业都会都有固定的粮市。《唐会要》载：“百姓多端以麦造面，入城贸易。”[①] 杜甫《槐叶冷淘》诗云：“新面来近市”[②] 和“遣人向市赊香粳，唤妇出房亲自馔”[③]（《全唐诗》卷二一七《病后遇王倚仪赠歌》）亦是粮食交易一证。当时长安的两市中有“麸行”和“卖麸家”[④]。唐德宗建中元年（公元780年）诏令：“自今已后，忽米价贵时，宜量出官米十万石，麦十万石，每日量付两市行人下价粜货。”[⑤] 其中“两市行人”指的是在两市中从事粮食交易活动的商人。在五代时期，“行”也称为“市”。据《五代会要》卷二六《市》记载，后唐天成元年（公元926年）诏：“在京市肆，凡是丝绢斛斗柴

① 〔宋〕王溥．唐会要·卷九〇·和籴［M］．上海：上海古籍出版社，2006.
② 〔唐〕段成式．酉阳杂俎校笺［M］．北京：中华书局，2015-7.
③ 〔清〕彭定求等．全唐诗·卷二一七［M］．北京：中华书局，1964-8.
④ 〔宋〕李昉等．太平广记·卷四三六·东市人［M］．北京：中华书局，1961.
⑤ 〔后晋〕刘昫等．旧唐书·卷四九·食货志下［M］．北京：中华书局，1975.

炭，一物已上，皆有牙人。”[①]“斛斗”即指粮食。可见京师城内的粮食交易是很活跃的。京城之外，边疆地区也有粮市。吐鲁番阿斯塔那第 29 号墓出土的《唐五谷时估申送尚书省案卷》中有“五谷时价以状录”[②]之语，和 184 号墓出土的《唐家用帐》载“五日六十籴面”[③]都可以说明粮市的普遍存在。

生鲜市场

生鲜包括畜禽和水产。畜类主要依靠屠宰业，水产则是鱼市。

《艺文类聚》卷七二桓谭《新论》载：“关东鄙语曰：人闻长安乐，出门向西笑。知肉味美，则对屠门而嚼。”“屠门”即屠肆。随着社会饮食业的发展和百姓消费需求的增加，屠宰业随之得到发展。据《太平广记》卷二一二引《唐画断》记载，景公寺老僧玄纵云，吴道子“画此地狱变成之后，都人咸观，皆惧罪修善，两市屠沽，鱼肉不售”[④]。可知当时长安的东、西两市均有屠肆，并形成了包括宰杀、剥皮或褪毛、分离胴体与下水、晾挂在内的一套完整的屠宰加工流程，且相当讲究品相。《北梦琐言》卷三载：唐懿宗时侍中路岩出镇成都，“过鬻豚之肆，见侩豕者谓屠者曰：‘此豚端正，路侍中不如。’”市场之人以貌美之路岩与猪相比，足见时人对相关商品的要求。也说明生鲜市场上，有专门从事生猪买卖的商贩和专事屠宰的屠户。社会饮食业完全可以依靠屠户、屠肆来解决肉食原料的供应，而不再自行完成。

两汉至魏晋，鱼脍是社会饮食业经营的主要品种之一。食鱼者众，鱼市自然兴盛。《太平广记》卷一八引《续玄怪录》载：隋开皇中，杨伯丑在京师洛阳开肆卖卜，有人失马请其卜，曰“可于西市东壁南第三店，为我买鱼作鲙”[⑤]。另据《太平御览》卷八六二引《广五行记》载，唐咸亨四年（公元

① 〔宋〕王溥．五代会要·卷二十六［M］．北京：中华书局，1998-11.
② 国家文物局顾问研究室等．吐鲁番出土文书（第 7 册）［M］．北京：文物出版社，1986.
③ 国家文物局顾问研究室等．吐鲁番出土文书（第 8 册）［M］．北京：文物出版社，1987.
④ 〔宋〕李昉等．太平广记·卷二一二·吴道玄［M］．北京：中华书局，1961.
⑤ 〔宋〕李昉等．太平广记·卷第十八［M］．北京：中华书局，1961-9.

673年），一僧人至洛州司户唐望家中欲食脍，“司户欣然，即处分鱼”。[①] 均可资证。洛阳有鱼市，扬州有鱼行，《酉阳杂俎》续集卷三《支诺皋下》载：市吏子将被辱之人潜埋“于鱼行西渠中”[②]，说明扬州水产销售的规模。江南的水产、海鲜市场广泛分布。唐代诗人多有吟咏。耿湋《登钟山馆》诗云：“野市鱼盐隘，江村竹苇深。”[③] 张籍《送海南客归旧岛》诗云：“竹船来桂浦，山市卖鱼须。”[④] 张籍《钟陵旅泊》诗云：“鱼市月中人静过，酒家灯下犬长眠。”[⑤] 韦庄《建昌渡暝吟》诗云：“市散渔翁醉，楼深贾客眠。”[⑥] 此等均是。海鲜市场的情况，刘恂《岭表录异》记载了他在岭南所见，有黄腊鱼、石头鱼、海镜、蚝和彭蜞等。并记其食虾之法：“南人多买虾之细者，生切倬菜兰香等，用浓酱醋，先泼活虾，盖以生菜，以热釜覆其上，就口跑出，亦有跳出醋碟者，谓之虾生。鄙俚重之，以为异馔也。”[⑦]

蔬果市场

随着蔬菜、瓜果的栽培技术提高和品类的增加，蔬果买卖非常兴盛。唐代高力士流放黔中，见荠菜甚多而无人采收，叹曰：“两京作斤卖，五溪无人采，夷夏虽不同，气味终不改。”[⑧]说明长安、洛阳的菜市是有应时的野菜出售的。但两京的菜市，多为菜农自产自销。《册府元龟》卷一四载：五代后唐明宗时，“京城坊市人户菜园……以鬻菜为业。……人户置得园圃年多，手自灌园，身自卖菜，以供衣食”[⑨]。《全唐诗》卷一四五杨颜诗《田家》有句云：“莳蔬利于鬻，才青摘已无。”[⑩] 亦可说明。唐代柳宗元的《种树郭橐驼传》载，郭

① 徐海荣．中国饮食史·卷三［M］．北京：华夏出版社，1999.
② ［唐］段成式．酉阳杂俎校笺．续集卷三［M］．北京：中华书局，2015-7.
③ ［清］彭定求等．全唐诗·卷二六八·登钟山馆［M］．北京：中华书局，1960.
④ ［清］彭定求等．全唐诗·卷三八四·送海南客归旧岛［M］．北京：中华书局，1960.
⑤ ［唐］张祜．张祜诗集校注·卷第八［M］．成都：巴蜀书社，2007-07.
⑥ ［清］彭定求等．全唐诗·卷六百九十八［M］．成都：巴蜀书社，1960-4.
⑦ ［唐］刘恂．岭表录异·卷下［M］．北京：中华书局，1985.
⑧ ［唐］郑处诲．明皇杂录·补遗［M］．北京：中华书局，1994.
⑨ ［宋］王钦若等．册府元龟·卷第十四［M］．南京：凤凰出版社，2006-12.
⑩ ［清］彭定求等．全唐诗·卷一百四十五［M］．北京：中华书局，1960-4.

橐驼“其乡曰丰乐乡，在长安西。驼业种树，凡长安豪富人为观游及卖果者，皆争迎取养。视驼所种树，或移徙，无不活；且硕茂，早实以蕃。他植者虽窥伺效慕，莫能如也”①。说明当时长安果树栽培和销售都有相当规模。孟浩然诗《南山下与老圃期种瓜》则描述了终南山下栽培甜瓜的瓜农，诗云：“樵牧南山近，林闾北郭赊。先人留素业，老圃作邻家。不种千株橘，唯资五色瓜。邵平能就我，开径剪蓬麻。”② 蔬果类销售，夜晚尚有，杜荀鹤《送人游吴》诗云：“君到姑苏见，人家尽枕河。古宫闲地少，水巷小桥多。夜市卖菱藕，春船载绮罗。遥知未眠月，乡思在渔歌。”③

加工食材市场

加工类食材包括食用油、豆腐、腌干制品、香辛调料及盐、酱、醋、糖等，在这个时期都有行市经营，从而保证社会饮食业的需要。

食用油主要是麻油的榨制和销售。据《酉阳杂俎》记载，长安坊市有走街串巷的油贩，“宣平坊，有官人夜归，入曲，有卖油者张帽驮桶，不避道。……里人有买其油者月余，怪其油好而贱”④。《全唐五代小说》记载，有油客，“常负担卖油于侧近坊内，……数年，邻里比狎之”⑤，日本僧人圆仁《入唐求法巡礼行记》卷二载，唐文宗开成年间（公元836—840年），“遇五台山金阁寺僧义深等往深州求油归山，五十头驴驮麻油去”⑥，可见当时麻油生产和消费量。

食盐的经营则有合法官营与非法私贩两类。盐市遍及全国。李白《赠宣城宇文太守》诗云，通都大邑是“鱼盐满市井”⑦。《唐会要》卷五九《尚书省

① 〔唐〕柳宗元．柳宗元集·卷十七［M］．北京：中华书局，1979-9.

② 〔唐〕孟浩然．孟浩然诗集校注·卷第四［M］．北京：中华书局，2018-6.

③ 〔宋〕祝穆．方舆胜览·卷之二［M］．北京：中华书局，2003-6.

④ 〔唐〕段成式．曹中孚校点．酉阳杂俎·前集卷一六．唐五代笔记小说大观［M］．北京：中华书局，2000.

⑤ 李时人．全唐五代小说·外编卷一八［M］．北京：中华书局，2014-8.

⑥ 〔日〕圆仁．入唐求法巡礼行记校注·卷二［M］．北京：中华书局，2019-10.

⑦ 〔唐〕李白．李太白全集·卷之十二［M］．〔清〕王琦，注．北京：中华书局，2003-6.

诸司下·度支使》载，山南道兴元府（今汉中）的市场中，“市盐者或一斤麻，或一两丝，或蜡或漆，或鱼或鸡，琐细丛杂，皆因所便”① 是以物易物的交换。酱、醋类的经营户更多，《玉堂闲话》载：“齐州有一富家翁，郡人呼为刘十郎，以鬻醋油为业。”② 糖包括饴糖和蔗糖。唐代仍以饴糖为主，市场上有“大扁饴”“马鞍饴”“荆饴”等销售③。据李济翁《资暇集》下记载，唐代后期乳饧在洛阳、蒲州、奉天等地走俏，其中洛阳乳饧的价格为“每斤六十文”。蔗糖生产和交易主要在江南地区，《唐大和上东征传》记载，鉴真一行天宝年间准备东渡日本时，在扬州“备办海粮”中就包括“石蜜、蔗糖五百余斤”。蔗糖主要在社会上层享用，价格较高。宋人王灼的《糖霜谱》中载，唐代宗大历年间有人“窨蔗糖作霜，利当十倍”④。

图 8-30　榨油图

2. 土贡制度及四方食材

土贡，就是“任土作贡”，是臣属或者藩属向君主的贡献。《夏书·禹

① 〔宋〕王溥．唐会要·卷五十九［M］．北京：中华书局，1960-6.
② 〔宋〕李昉等．太平广记·卷一三八·齐州民［M］．北京：中华书局，1961.
③ 〔唐〕段成式．酉阳杂俎·前集卷一六·酒食［M］．北京：中华书局，1981.
④ 〔清〕俞樾．茶香室三钞·卷二十五·糖霜［M］．北京：中华书局，1995-2。

贡·书序》载："禹别九州，随山浚川，任土作贡。"[①]《周礼·载师》云："任土者，任其力势所能生育，且以制贡赋也。"[②] 汉代以前，贡赋合一，即贡与赋的含义是一致的。《广雅·释诂》曰："贡，献也。"《尚书今古文注疏·禹贡第三上·虞夏书三》注曰："古以贡当税，……凡贡之物不在赋外。"[③] 入汉以后，土贡开始独立于赋税之外，并有了相应的礼仪规制。至盛唐时代，中央政权强大，对域内、域外具备有效的控制力，更得益于运河的开通、交通的发达，土贡制度日益加强，四海佳物、八方珍品汇聚两京，同时拉动了各地民间将物产向京师和各商业都会、地域中心集中而谋求利益，其中的食材部分在保证宫廷、官府所需之外，势必有流入社会饮食业的部分，从而扩大了两京和各商业都会社会饮食业的原料范围，为中国烹饪技术的进步、体系的完善提供了物质基础。

根据《唐六典》（开元二十五年贡）卷三"户部郎中员外郎"条、《元和郡县图志》（开元二十六年至开元二十九年贡）（元和元年至九年贡）、敦煌残卷所见《贞元十道录》（贞元贡）、《鸣沙石室佚书》（贞元贡）、《通典·食货典》（天宝中贡）卷六《赋税》和《新唐书·地理志》（长庆贡）记载，唐代土贡中的食物与加工食材的品类基本如下。

谷物类：

（1）粟、黍、稷

贡粟的州是澶州、棣州、汾州、陈州、淄州、邻州、银州、胜州等八州。另有名品为京兆府贡的紫秆粟，曹州贡的大蛇粟，扬州、苏州贡的蛇粟，润州贡的黄粟等。亳州一地进贡黍、稷。

---

① 郭仁成．尚书今古文全璧［M］．长沙：岳麓书社，2006.

② 〔汉〕郑玄．周礼注疏·卷十三·地官司徒下·载师［M］．〔唐〕贾公彦疏，李学勤，主编．北京：北京大学出版社，1999.

③ 〔清〕孙星衍．尚书今古文注疏·卷三·禹贡第三上［M］．陈抗，盛冬铃，点校．北京：中华书局，1986.

（2）麦

贡小麦的州府是京兆府、棣州、亳州、陈州、陕州等五州。白麦为小麦的一种，分为硬质白小麦和软质白小麦。贡白麦的州府有凉州、丰州。贡大麦的州府有京兆府、陕州等两地。

（3）稻

贡稻的州府是京兆府、淄州、汾州等地。另有名品为郢州贡的节米，湖州贡的糙粳米、糯米，饶州贡的粳米，常州、苏州贡的大小香粳，婺州贡的赤松涧米、香粳，扬州贡的黄稑米、乌节米等。

（4）菽

菽为豆类的总称，主要指大豆，贡菽的州仅有汾州一地。

蔬菜类：

蔬菜贡品主要有以下几种。

（1）茄子

溱州贡品。

（2）芜菁

宁州芜菁。

（3）笋

笋和冬笋的主要贡地是位于秦岭以南汉中地区的兴州、兴元府。

（4）糟瓜 、糟笋瓜

为腌制蔬菜，兴元府、杭州贡糟瓜，安州进贡糟笋瓜。①

（5）芋

芋又名蹲鸱，俗称芋头、芋艿。贡芋的主要是襄州。

（6）藕

苏州出产的藕品质最优，“其最上者名日伤荷藕 ”，被指定为贡品②。扬

① 钱易．南部新书・辛卷［M］．北京：中华书局，2002.

② 〔唐〕李肇．唐国史补・卷下［M］．上海：上海古籍出版社，1957.

州、绵州也是朝廷指定的贡藕地区。藕可以加工成藕粉。京兆府被指定贡藕粉。

（7）薯蓣

薯蓣唐代更名为薯药，常州、明州、宣州等地被指定为进贡地区。

（8）姜

姜类贡品有蜜煎姜、干姜、高良姜等。蜜煎姜是糖、蜜腌制而成的，杭州、扬州为贡地。贡干姜的州是襄州、台州、虔州、福州、杭州等地。高良姜原产高凉郡，故名高凉姜，后讹凉为良，被称为高良姜，是崖州、钦州的土贡品。

（9）蒜

兴元府贡夏蒜。

水产及加工品：

（1）海产品

浙东的明州，贡海肘子、红虾米、鲼子、红虾鲊等。[①] 密州、福州贡海蛤，莱州、登州贡文蛤，沧州贡鳢鳄，海州贡紫菜，潮州、广州贡龟、海马等。

（2）淡水产品

端州贡黄鱼，利州贡鰊鱼，江陵府贡白鱼，苏州贡鲊、鲻、鸭胞、肚鱼、鱼子，扬州贡水兕甲、鱼脐、鱼鲙，岳州贡鳖甲。

（3）水产加工制品

为了满足长安、洛阳两京对水产品、海产品的需求，沿海、沿江各州府使用多种干制、糟腌、蜜腌、糖腌的方法进行深加工，开发出诸多水、海产的加工制品。代表性品种为：孟州贡的黄鱼鲊、润州贡的鲟鲊等。吴郡、颍州贡的糟白鱼，江陵府、扬州、沧州、德州、苏州等地贡糖蟹。段成式《酉阳杂俎》

① 〔唐〕李吉甫．元和郡县图志·卷二十六·江南道三·明州［M］．北京：中华书局，1983.

中载："平原郡（德州）贡糖蟹，采于河间界，每年生贡。斫冰火照，悬老犬肉，蟹觉老犬肉即浮，因取之，一枚值百金，以毡密束于驿马，驰至于京。"①隋炀帝喜欢吃糖蟹，吴郡（苏州）曾向隋炀帝献"蜜蟹三千头，作如糖蟹法"。②

野味：

贡野生动物有：妫州、檀州、营州贡麝，燕州、营州贡豹，平州贡熊，灵、蓟、济州贡鹿角胶。另有野味如下。

（1）鹿舌、鹿尾

鹿舌、鹿尾由会州进贡。韦巨源进献给唐中宗的"烧尾宴"《食谱》中载有"升平炙"，就是以"羊、鹿舌拌三百数"。陈子昂的《鹿尾赋》云："以斯尾之有用，而杀身于此堂。为君雕俎之羞，厕君金盘之实。"③

（2）白花蛇

白花蛇肉可食用。干品以干燥、头尾齐全、花纹斑块明显者为佳。由蕲州进贡。

（3）野鸡、山鸡

泽州贡野鸡，夔州贡山鸡。

（4）熊

夔州贡的熊、罴（棕熊），其熊掌、熊白（熊脂）素有山珍之称。韦巨源《食谱》中所载"分装蒸腊熊"和"五生盘"都使用了熊肉④。

（5）野猪

京兆府贡野猪。《刘禹锡集》卷十七《为京兆韦尹进野猪状》曰："野猪一口。右伏以收获之余，田猎有获。异于刍豢，著在方书。既堪充庖，辄敢上

---

① 〔唐〕段成式．酉阳杂俎·卷十七［M］．北京：中华书局，1981.

② 〔宋〕李昉等．太平广记·卷第二百三十四［M］．北京：中华书局，1961-9.

③ 〔清〕董浩等．全唐文·卷二〇九［M］．北京：中华书局，1983-11.

④ 〔唐〕段成式．酉阳杂俎·卷一［M］．北京：中华书局，1981.

献。前件野猪，谨随状进。谨奏。”①

（6）竹鼠

房州贡竹䶉②，兰州贡鼬鼥鼠③。

（7）野味脯

庐州贡鹿脯，蕲州贡乌蛇脯。

果品：

土贡的水果主要有如下几种。

（1）柿

许州是唐代贡柿的主要地区。江陵府进贡的“椑”又称椑柿，今称油柿。

（2）橘

贡橘的地区有：荆州、澧州、苏州、杭州、越州、温州、明州、抚州、绵州、金州等地。橘不耐储存，唐政府特别在绵州、金州两地专门设有管理进贡的橘官。

（3）柑

贡柑的地区有荆州、峡州、夔州、澧州、朗州、襄州、梁州、文州、开州、苏州、湖州、温州、台州、简州、资州、眉州、悉州、梓州、普州、荣州、洪州、遂州、端州、循州等地，贡区达 24 处。大部分属于山南道区域。

（4）橙

贡橙之州为荆州、合州、巴州、襄州。

（5）荔枝

唐代荔枝主要产地为长江上游的涪、泸、戎诸州和岭南地区。涪陵地区现存唐时专贡明皇宠妃杨贵妃荔枝的妃子园，据《舆地纪胜》“夔州路”涪州条载：“妃子园在州（涪州）之西，去城 15 里，荔枝百余株，颗肥肉脆，唐杨

① 〔唐〕刘禹锡．刘禹锡集·卷第十七［M］．北京：中华书局，1990-03.

② 〔宋〕李昉等．太平广记·卷一六三·竹貂引［M］．北京：中华书局，1961.

③ 〔宋〕钱易．南部新书·辛卷引户部式［M］．北京：中华书局，2002.

妃所喜。”《唐国史补》卷上也说：“杨妃生于蜀，好食荔枝。南海所生，尤胜蜀者，故每岁飞驰以进，然方暑而熟，经宿则败，后人皆不知之。”

（6）枇杷

唐代，秦岭淮河以南的广大地区多有种植枇杷，其中尤以梁州出产的枇杷最有名，被指定为贡品。

（7）葡萄

河东一带出产的葡萄最为有名，被指定为贡品。

（8）槟榔

峦州、爱州、峰州等地贡槟榔。

（9）梨

贡梨的地区除了江南道的升州在南方外，其他几处如太原府、河中府、绛州、虢州、镇州等地都在黄河流域。河中府的凤栖梨、绛州的黄消梨、镇州的常山真定梨、升州的甘棠梨为名品。

（10）柰、林檎

凉州和甘州是主要的柰产区。据《酉阳杂俎》卷十八记载：“白柰，出凉州野猪泽，大如兔头。”贡白柰的地区是甘州。① 林檎即现在的花红，又名沙果，唐人称之为“朱柰”。河西走廊、河东、关中、河南、河北、山东等地皆有种植，为贡地。

（11）枣

河东大枣、青州十色枣，其中包括三心枣、紫纹枣、圆爱枣、三寸枣、金槌枣、牙美枣、凤眼枣、酸味枣、蜜波枣。京兆府的酸枣仁、河南府的酸枣为贡品。

（12）梅子

江陵府贡乌梅，洪州贡“梅煎”，虔州贡“蜜梅”。

① 〔唐〕李吉甫．元和郡县图志·卷四十陇右道下［M］．北京：中华书局，1983.

（13）石榴

“河北道深州土产，石榴。”①《剧谈录》卷下《说方士》条记载，唐武宗曾对术士许元长说：“东都常进石榴，时已熟矣，卿今夕当致十颗。”

（14）樱桃

关中、巴蜀、江东一带皆产樱桃，以关中的樱桃最为著名，京兆府被指定为樱桃的唯一贡区。

（15）橄榄

福州贡橄榄，广州贡馀甘子。馀甘子是橄榄的别名。

（16）木瓜

湖州、杭州、潭州贡木瓜，塞北的盐州也贡木瓜。

（17）甘蔗

绵州、襄州、越州贡甘蔗。

（18）甜瓜

唐代培育出来的甜瓜品种很多，其中以东都洛阳培育的甜瓜品种最为优良，成为皇室贡品。

（19）板栗

贡栗产区为北方的幽州。

（20）榛实、松实 、柏实

榛实、松实 、柏实都属于坚果类果品。凤翔府和陇州贡榛实，太原府和陕州贡柏实，蔚州贡松实。

调味品：

（1）盐

唐代的盐，主要有海盐、池盐和井盐三种：海盐主要产于东南沿海一带，池盐主要产于晋南和西北一带，井盐主要产于巴蜀一带。唐代贡盐的地区集中

---

① 王文楚等．太平寰宇记·卷六十三·河北道十二［M］．北京：中华书局，2007.

在西北，像灵州、丰州贡印盐，盐州贡盐山，廓州贡戎盐。

（2）花椒

唐代根据产地的不同而有蜀椒、秦椒之分。陇右道的武州贡秦椒，剑南道的黎州贡蜀椒，山南道的金州贡蜀椒、椒实。

（3）桂（桂皮 、桂心 、桂子）

岭南道的融州贡桂心，江南道的虔州贡桂子。

（4）豆蔻

地处岭南的峰州贡。

（5）橘皮

长期储存的橘皮称陈皮。贡橘皮的有荆州和梓州，以荆州为主。

（6）油

江南道的施州贡“清油”。

（7）酱

酱种类很多，据孟诜《食疗本草》记载：唐代的酱有小麦酱、豆酱、榆仁酱、芜荑酱、蒟酱、獐酱、雉酱、兔酱、鳢鱼酱、鱼酱、肉酱等[①]，涪州和泸州是贡酱地区。尤以涪州进贡的蒟酱颇有特色。蒟酱，又名枸酱，是用蒌叶果实做的酱。

（8）豉

豉是用豆类与青蒿、桑叶等蒸煮发酵后制成的一种调味品。贡豆豉的主要为安州，所贡的是瓜豆豉[②]。

（9）糖

贡砂糖的地区集中在巴蜀、江东及江南一带，主要是巴州、眉州、越州、虔州、永州等地。河南道的青州也进贡糖。

---

① 〔唐〕孟诜著．食疗本草译注·卷上［M］．郑金生，张同君，译注．上海：上海古籍出版社，1993.

② 〔宋〕钱易．南部新书·辛卷［M］．北京：中华书局，2002.

（10）蜜

关内道的邠州，河东道的慈州、隰州，山南道的复州、文州、夔州，剑南道的翼州、江南道的涪州贡白蜜；陇右道的阶州，河东道的石州、代州，山南道的归州、凤州、兴州、通州，江南道的施州、湖州贡蜜，河东道的岚州、潞州贡石蜜；陇右道的西州贡刺蜜。

（11）酪、酥

酪、酥是动物乳汁提炼而成的食品。剑南道的茂州贡干酪；关内道的夏州，陇右道的洮州、叠州、廓州，剑南道的当州，淮南道的庐州贡酥；关内道的庆州，剑南道的松州贡牛酥；剑南道的悉州、静州，陇右道的岷州、芳州贡牦牛酥。

饮品类：

（1）酒

《册府元龟》卷一六八《帝王部·却贡献》记载："河东每年进葡萄酒，西川进春酒。"① 此外，袁州产的宜春酒和郢州产的春酒曲也被列为贡品。

（2）茶

唐代贡茶制度有两种形式：一是朝廷选择茶叶品质优异的产茶州定额纳贡。如常州阳羡茶、顾渚紫笋茶、睦州鸠坑茶、舒州天柱茶、宣州鸦山茶、饶州浮梁茶、溪州灵溪茶、峡州碧涧茶、荆州团黄茶、雅州蒙顶茶、福州方山露芽。二是由朝廷直接设立贡茶院，专业制作贡茶。如湖州长兴顾渚山。向朝廷贡茶的还有河南道的怀州，山南道的峡州、归州、夔州、金州、梁州，淮南道的寿州、庐州、蕲州、申州，江南道的吉州、常州 、湖州、睦州、福州、饶州、溪州，剑南道的雅州，共计 18 州。

① 〔宋〕王钦若等．册府元龟·卷一六八［M］．南京：凤凰出版社，2006-12.

图 8-31 唐贡茶雅州蒙顶茶园

（3）贡泉

主要指金沙泉。金沙泉位于浙江长兴县城西北 17 公里处的顾渚山麓。金沙泉成为贡泉，是皇家贡茶院，加工紫笋茶时，用的是金沙泉。《长兴县志》记载："唐贡时，用五十六两重的银瓶，装灌金沙泉后以火漆封印，由驿骑直送京都长安。以供宣宗在清明时祭祀使用。其余泉水用水路运输，也是限期到京。"①

① 谢文柏．唐代贡泉——金沙泉［J］．农业考古，2005（02）．

图 8-32（1）　唐贡品荔枝

图 8-32（2）　唐贡品荔枝

3. 域外食材的传入

域外传入的食材，多以胡冠名。自汉代张骞多次出使西域，开辟丝绸之路后，西域的苜蓿、葡萄、安石榴、胡桃、胡豆、胡瓜、胡麻、胡蒜、胡荽、胡萝卜等，以及乳酪、挏马酪酒、酥和大宛、龟兹的葡萄酒，已先后传入内地。至隋、唐、五代时期，特别是唐代实行开放政策，对外交流活跃，域外客商得以随时出入，又带来新的食材，主要是蔬菜、水果、调味料、果酒等。

蔬菜类有佛土菜、菠菜、胡芹、浑提葱、苦菜等。

佛土菜由健达国引进，其“一茎五叶，花赤，中心正黄，而蕊子紫色”①。《新唐书》载：“贞观二十一年，泥婆罗遣使入献波棱、醉菜、浑提葱。”② 波棱即菠菜。《北户录》载：“泥婆罗国献棱，类红蓝，实似蒺黎，火熟之，能益食味。又醉菜，状似慎火，叶阔而长，味如美醉，绝宜人，味极美。”③ 胡芹，就是旱芹，“胡芹状似芹，味苦”④，唐代名臣魏徵（征）喜食之，“魏徵好嗜醋芹，每食之，欣然称快。……召赐食，有醋芹三杯，公见之欣喜翼然，食物未尽而芹已尽”⑤。

果品类有千年枣、波斯枣、扁桃、树菠萝、齐墩果、胡榛子、金桃、银桃等。

这些果品多是由所国使节进贡而来的。《册府元龟》载：“康国献黄桃，大如鹅卵，其色黄金，亦呼金桃。”⑥ “贞观十一年，康国献金桃银桃，诏令植之于苑囿。”⑦ 杜甫《山寺》诗云：“麝香眠石竹，鹦鹉啄金桃。”⑧ 偏僻的山野植有金桃，说明其在唐太宗引植苑囿之后便很快传入民间。《岭表异录》所

---

① 〔宋〕李昉等．太平御览·卷九七六·菜．段公路·北户录·卷二·蕹菜·四库全书．欧阳修，宋祁等．新唐书·卷二二一下·西域传．陈规文．天中记·卷四十六·菜·四库全书等文献中亦有类似记载，文字略有出入。

② 〔宋〕欧阳修．新唐书·卷五一［M］．北京：中华书局，1975.

③ 〔宋〕欧阳修．新唐书·卷二一五［M］．北京：中华书局，1975.

④ 〔宋〕王钦若．册府元龟·卷九七〇［M］．北京：中华书局，1960.

⑤ 〔宋〕王应麟．困学纪闻注·卷十八［M］．〔清〕翁元圻，辑注．北京：中华书局，2016-3。

⑥ 〔宋〕王钦若等．册府元龟·卷第九百七十［M］．南京：凤凰出版社，2006-12.

⑦ 〔宋〕王钦若等．册府元龟·卷九七〇［M］．北京：中华书局，1960.

⑧ 〔清〕鼓定求等．全唐诗·卷五一一［M］．北京：中华书局，1984.

载："恂曾于番酋家食本国将来者，色类沙糖，皮肉软烂。饵之，乃火烁水蒸之味也。"[1] 即波斯枣，系产于中亚一代的椰枣，是波斯的特产。

蔗糖及其制法由印度传入。唐以前的中国还不会利用甘蔗制成蔗糖的技术。公元647年，印度半岛小邦摩揭陀国使者到访长安。《唐会要》卷一〇〇记载："西蕃胡国出石蜜，中国贵之。太宗遣使于摩伽佗国取其法，令扬州煎蔗之汁，于中厨自造焉，色味愈于西域所出者。"唐代还引入了西域的果酒及其酿造方法。唐太宗破高昌国，得马乳葡萄和葡萄酿酒之法，并在宫中自酿。据《册府元龟》卷九七〇"朝贡"载，这种酒，凡有八色，"芳辛酷烈，味兼醍盎。既颁赐群臣，京师始识其味"[2]。三勒浆是波斯产的果酒，是用庵摩勒、毗梨勒、诃梨勒三种果实酿造而成。唐代韩鄂所著《四时纂要》载有此酒的酿制方法。

图 8-33　波斯枣（椰枣）图

① 〔唐〕刘恂．岭表异录［M］．广州：广东人民出版社，1983.

② 〔宋〕王钦若等．册府元龟·卷第九七〇［M］．南京：凤凰出版社，2006-12.

图 8-34　胡芹（旱芹）图

二、经营业态渐趋完备

隋统一之后，社会饮食业快速发展，经营业态渐趋完备，数量和规模及所覆盖的消费群体也达到了新的水准。《资治通鉴·隋纪五》载："隋炀帝大业六年（公元 610 年）诸蕃请入丰都市交易，帝许之。先命整饰店肆，檐宇如一，盛设帷帐，珍货充积，人物华盛，卖菜者亦藉以龙须席。胡客或过酒食店，悉令邀延就坐，醉饱而散，不取其直。"① 这虽然有隋炀帝炫耀的成分在，并因为缯帛缠树而被诟病，但也反映出京师洛阳丰都市内酒食店的规模与水准是相当高的。入唐以后，则更是一派繁荣景象。唐《通典》云：以京师长安

① 〔宋〕司马光．资治通览·卷第一百八十一［M］．北京：中华书局，1956-06.

为中心，“东至宋（今商丘）、汴，西至歧州，夹路列店肆待客，酒撰丰溢，每店皆有驴赁客乘，倏忽数十里，谓之骚驴。南指荆襄，北至太原、范阳，西至蜀川、凉府，皆有店肆以供商旅，远适数十里，不持寸刃”。[①] 这个数量与规模是完全可以适应所有商业、交通活动的需要了。至于长安东西两市内的饮食业，《唐国史补·卷中》记载：“两市日有礼席，举铛釜而取之，故三五百人之馔，常可立办也。”其规模与能力可见一斑。根据现有资料所载，隋、唐、五代时期社会饮食业的业态种类主要包括：饮子肆（店）、茶肆、酒肆、食肆、食店、酒楼（酒家、酒店）、驿站（旅店）。

1. 饮子肆（店）

经营调制药饮或果汁饮料。《太平广记·卷二一九》载：长安西市的一卖饮子药家，百文仅售一服，所用不过数味寻常之药，但相关疾病，饮者即愈，故店家“日夜剉斫煎煮，给之不暇。人无远近，皆来取之，门市骈罗，喧阗京国，至有赍金守门五七日间，未获给付者，获利甚极”[②]。《唐国史补》中也有一家王氏饮子店的记载，其先饮后付款，功效显著，很受欢迎。饮子店的果汁饮料的品种较多，有蔗浆、葡萄浆、樱桃浆、三勒浆、乌梅饮、桃花饮、莲房饮、酪饮，以及依据节令制作的各类杂饮。夏季则有冷饮。

2. 茶肆

茶肆又称茶邸，煎茶出售，提供场所、休憩。唐封演撰《封氏闻见录》中载：“自邹、齐、沧、棣，渐至京邑城市，多开店铺，煎茶卖之，不问道俗，投钱取饮。”[③] 又载：裴璞“见元方若识，争下马避之，入茶邸，垂帘于小室中，其从御散坐帘外”[④]。乡村亦有茶饮经营，日本僧人圆仁所著的《入唐求法巡礼行记》载：唐会昌四年（公元 844 年）六月九日，圆仁在郑州“见辛长史走马赶来，三对行官遇道走来，遂于土店里任吃茶”。驿站则设有茶室，

① 〔唐〕杜佑．通典·卷第七［M］．北京：中华书局，1988-12.

② 〔宋〕李昉等．太平广记·卷第二百一十九［M］．北京：中华书局，1961-09.

③ 〔唐〕封演．封氏闻见记校注·卷六［M］．北京：中华书局，2005-11.

④ 李剑国．唐五代传奇集·第三编卷六［M］．北京：中华书局，2005-05.

供官吏行旅解渴消乏之用。寺院设有茶堂，《旧唐书·宣宗纪》载，大中三年，宣宗赐名东都进一僧的饮茶所曰茶寮。

3. 酒肆

酒肆专营酒类，大多不含酿造。一般酒肆提供场所、服务，规模较小的称为酒垆、旗亭，则无服务场所提供。

酒肆数量众多，居于饮食业之首。京师长安城内的酒肆主要分布在东西两市和东门（俗称青门）、华清宫外、阙津阳门等处。唐中叶以后，长安的坊里中也出现酒肆。据《资治通鉴·卷二三六》记载，顺宗时王叔文、王任当权，求其办事之人，在其宅外排队等候，甚至借宿“酒垆下，一人得千钱，乃容之”。知其坊中有酒肆。《广异记》中也记载，“偕行于长安陌中，将会饮于新昌里”①。新昌里为延兴门内北面第一坊，坊中亦有酒肆。城外的灞陵、虾蟆陵、新丰、渭城、冯翊、扶风等地也有众多酒肆。灞陵、虾蟆陵等是豪门贵族的聚居区，同时也是酒肆最为集中的地方，多出名酒，灞陵有“灞陵酒”，虾蟆陵有“郎官清”“阿婆清”。新丰酒肆常被时人吟咏。《全唐诗》卷一六〇孟浩然《京还别新丰诸友》诗云：“主人开旧馆，留客醉新丰。”《全唐诗》卷一八三李白《效古》诗云：“清歌弦古曲，美酒沽新丰。快意且为乐，列筵坐群公。”《全唐诗》卷一二八王维《少年行》诗云：“新丰美酒斗十千，咸阳游侠多少年。相逢意气为君饮，系马高楼垂柳边。”渭城酒肆亦有盛名。渭城是通往西域和巴蜀的必经之处。唐人西送故人，多在渭城酒肆中。《全唐诗》卷一二八王维的《渭城曲》云：“渭城朝雨浥轻尘，客舍青青柳色新。劝君更尽一杯酒，西出阳关无故人。”《全唐诗》卷一七七李白《送别》诗云：“斗酒渭城边，垆头醉不眠。”长安之外，洛阳、成都、扬州、建康均有大量酒肆。成都特色是士人卖酒。《北梦琐言》卷三载：“蜀之士子，莫不沽酒，慕相如涤器之风也。”城市之外，乡村多有酒垆，或固定场地，或临时搭台。旗亭则多位

---

① 李时人．全唐五代小说·卷一九［M］．北京：中华书局，2014-8.

于交通要道处，供来往行人饮酒。

4. 食肆

食肆一般是在固定场所前置加工，直接销售，如某些胡饼肆，仅设烤炉，饼熟出售，无服务场所。也有较大规模的食肆，但也只经营一类品种。饼肆是食肆的代表。这个时期，饼肆仍旧是社会饮食业的主要成分。京师长安的饼肆还是宫廷的采购对象。《唐会要》卷八六《市》记载："贞元以后，京都多中官市物于廛肆，谓之宫市。……中人之出，虽沽浆卖饼之家，无不彻业塞门，以伺其去。"[①] 两市的饼肆之外，坊中亦出现饼肆，《资治通鉴》卷二百三十六记载：进京办事之人常"至宿其坊中饼肆、酒垆下"[②]。京师之外，作为满足社会各界基本饮食需求的加工单位，饼肆是遍布城乡各处的。按经营产品划分，主要有胡饼肆、蒸饼肆、笼饼肆、糕肆、毕罗肆等。

（1）胡饼肆

多为胡人开设，但亦有汉人销售炉饼而冠名胡的。如《广异记》载：有人"夜投故城，店中有故人卖胡饼为业"[③]。胡饼销售甚好，常夜间加工，供清晨售卖，以满足商旅需要。《任氏传》中载："既行，及里门，门扃未发。门旁有胡人鬻饼之舍，方张灯炽炉。郑子憩其帘下，坐以候鼓，因与主人言。"[④] 故可知长安是随时都可以买到胡饼的。长安以外亦如此，《资治通鉴·玄宗纪》记载："志德元载（公元756年）安史之乱，玄宗西幸，仓皇路途，至咸阳集贤宫，无可果腹，日向中尚犹未食，杨国忠自市胡饼以献。"[⑤]

（2）蒸饼肆

蒸饼为蒸制的面食，不包馅为蒸饼，包馅时称笼饼。《朝野佥载》卷四记载，武则天时，张衡之退朝返家，见"蒸饼新熟，遂市其一，马上食之，被御

---

① 〔宋〕王溥．唐会要·卷八十六［M］．北京：中华书局，1960-6.

② 〔宋〕司马光．资治通览·卷第二百三十六［M］．北京：中华书局，1956-6.

③ 〔宋〕李昉．太平广记［M］．北京：中华书局，1961.

④ 〔宋〕李昉．太平广记·卷四五二［M］．北京：中华书局，1961.

⑤ 〔宋〕司马光．资治通鉴·卷二一六［M］．北京：中华书局，2009.

史弹奏”。可知沿街有蒸饼售卖。也有走街串巷的小贩，仍据《朝野佥载》载，长安人邹骆驼，家道贫寒，“尝以小车推蒸饼卖之。每胜业坊角有伏砖，车触之即翻”①。笼饼是肉馅，《御史台记》载，御史侯思正喜食笼饼，有“比市笼饼，葱多而肉少”② 之叹。

（3）糕肆

糕由黍、稻、糯米粉蒸制而成。两京及各商业都会都有糕肆。《清异录》卷下记载后周时期，开封城内“皇建僧舍，傍有糕作坊，主人由此入赀为员外官，盖显德中也。都人呼花糕员外”③。所售糕食有满天星、糁拌、花截肚、大小虹桥等，种类繁多。生意兴隆，故能出资买得员外官。

（4）毕罗肆

毕罗类糕，亦类笼饼，有蒸制和炸制的。已知品种颇多，如樱桃毕罗、天花毕罗、蟹黄毕罗、苦荬毕罗等。可以论斤两切售。《酉阳杂俎》有长兴里毕罗店的记载：“忽见长兴店子入门曰：‘郎君与客食毕罗计二斤，何不计值而去也?’”店主有“初怪客前毕罗悉完，疑其嫌置蒜也”④ 的解释，说明其多种口味。但毕罗名称何来，尚无确证。而店主和店子两名称则是对食肆经营者、从业者称呼的最早记载。

（5）煎饼糰（团）子肆

属经营煎炸类食品，很受儿童喜爱。如《唐两京城坊考》卷四所载：长安西市有一低洼空地，窦乂欲填之，便在洼地插纸标，云“绕池设六七铺，制造煎饼及糰（团）子”，掷瓦砾于纸标，“中者以煎饼糰（团）啖，不逾月，两街小儿竞往，计万万，所掷瓦砾已满池矣”⑤，便是一例。

---

① 〔宋〕李昉等．太平广记·卷第四百［M］．北京：中华书局，1961-09.
② 〔宋〕李昉等．太平广记·卷二五八·侯思正［M］．北京：中华书局，1961.
③ 〔清〕郝懿行．证俗文·第一［M］．济南：齐鲁书社，2010-4.
④ 〔宋〕李昉等．太平广记·卷第二百七十八［M］．北京：中华书局，1961-9.
⑤ 〔清〕徐松撰．唐两京城坊考·卷之四［M］．北京：中华书局，1985-08.

5. 食店

食店不同于经营单一品种的饼肆或小型食肆，是能够提供饭、饼、糕、肴馔等多类品种，服务场所和设施的。这类食店多处于两京和区域性的中心城市、商业都会。《清异录·馔羞门》载：五代汴京“闾阖门外通衢有食肆，人呼为张手美家。水产陆贩，随需而供。每节专卖一物，遍京辐辏。偶记其名，播告四方事口腹者”①。其元日是元阳脔，上元是油饭，寒食是冬凌粥，伏日是绿荷包子等极有特色，是这个时期的代表性综合食店。

6. 酒楼（酒家、酒店）

酒楼、酒家、酒店是提供饮食和相应服务活动的大型酒肆。唐诗中有许多对酒楼的吟咏，如：“五陵公子饶春恨，莫引香风上酒楼。”②“裴回尽日难成别，更待黄昏对酒楼。”③“联翩半世腾腾过，不在渔船即酒楼。”④“无事到扬州，相携上酒楼。药囊为赠别，千载更何求。”⑤韦应物的《酒肆行》对长安酒楼则有一番细致描绘：“豪家沽酒长安陌，一旦起楼高百尺。碧疏玲珑含春风，银题采帜邀上客。回瞻丹凤阙，直视乐游苑。四方称赏名已高，五陵车马无近远。晴景悠扬三月天，桃花飘俎柳垂筵。繁丝急管一时合。他垆邻肆何寂然。主人无厌且专利，百解须臾一壶费。初酿后薄为大偷，饮者知名不知味。深门潜酝客来稀，终岁醇醲味不移。长安酒徒空扰扰，路傍过去那得知。”⑥李白的《金陵酒肆留别》“风吹柳花满店香，吴姬压酒劝客尝。金陵子弟来相送，欲行不行各尽觞。请君试问东流水，别意与之谁短长”⑦中的“吴姬压酒劝客尝”便是酒店的服务内容之一。而以提供歌舞服务著名的还是遍布两京和商业都会的胡姬酒肆或“酒家胡”。李白的《少年行二首》诗云：“五陵年少

① 〔宋〕孟元老．东京梦华录笺注·卷之四［M］．北京：中华书局，2007-7.
② 〔清〕彭定求等．全唐诗·卷六九九［M］．北京：中华书局，1960.
③ 〔清〕彭定求等．全唐诗·卷六八六［M］．北京：中华书局，1960.
④ 〔清〕彭定求等．全唐诗·卷六百八十二［M］．北京：中华书局，1960.
⑤ 〔清〕彭定求等．全唐诗·卷六百八十二［M］．北京：中华书局，1960.
⑥ 〔清〕彭定求等．全唐诗·卷一百九十四［M］．北京：中华书局，1960.
⑦ 王步高．唐诗三百首汇评（修订本）·卷二［M］．南京：凤凰出版社，2017-4.

金市东，银鞍白马度春风。落花踏尽游何处，笑入胡姬酒肆中。”① 《送裴十八图南归嵩山二首》诗云：“何处可为别，长安青绮门。胡姬招素手，延客醉金樽。”② 《猛虎行》诗云：溧阳酒楼三月春，杨花茫茫愁杀人。胡雏绿眼吹玉笛，吴歌白纻飞梁尘。”③ 岑参的《送宇文南金放后旧太原寓居因呈太原郝主簿》诗云：“送君系马青门口，胡姬垆头劝君酒。”④ 元稹的《赠崔元儒》诗云：“殷勤夏口阮元瑜，二十年前旧饮徒。最爱轻欺杏园客，也曾辜负酒家胡。”⑤

7. 驿站（旅店）

驿站、旅店是为官员出行和商务来往提供食宿及鞍马、草料等物资供应。其中有官营的多是驿站，民营的多为旅店、旅舍、逆旅等。李商隐有“初得大名，薄游长安，尚希食面，因投诉逆旅，有众客方酣饮”⑥ 的记载。杜光庭的《虬髯客传》记载李靖：“将归太原，行次灵石旅舍，既设床，炉中烹肉且熟，……公出市胡饼，客抽腰间上首，切肉共食之。”⑦ 上文中还有汴州西的板桥店，店主三娘子为住店的旅客提供胡饼作为早点的记载。官办的驿站有的规模很大，《唐国史补》卷下记载，江南某驿站，仅储藏饮食的库房有三室：“一室署云酒库，诸酝毕熟”；“又一室署云茶库，诸茗毕储”；“又一室署云菹库，诸菹毕备”⑧。

---

① 〔清〕彭定求．全唐诗·卷二九［M］．北京：中华书局，1984.

② 〔清〕彭定求．全唐诗·卷一七六［M］．北京：中华书局，1984.

③ 〔唐〕李白．李太白全集·卷之三十五［M］．〔清〕王琦，注．北京：中华书局，1977.

④ 〔清〕彭定求．全唐诗·卷一九九［M］．北京：中华书局，1984.

⑤ 〔唐〕元稹．元稹集·卷第十九［M］．北京：中华书局，2010-7.

⑥ 傅璇琮．唐才子传校笺（第3册）［M］．北京：中华书局，1990.

⑦ 李时人．全唐五代小说·卷六四［M］．何满子，审定．詹绪左，覆校．北京：中华书局，2014.

⑧ 〔唐〕李肇．唐国史补·卷下·唐五代笔记小说大观［M］．曹中孚，校点．上海：上海古籍出版社，2000.

三、经营、服务特色

这个时期是社会饮食业高速发展的时期，为吸引消费者，谋取更好的商业利益，众多的酒肆、酒店、食店大都以竞争的态势存在。而正是在生存、竞争的过程中，隋、唐、五代时期的社会饮食业在经营、服务方面形成了特色，确立了模式，对后世行业的经营、服务产生了重大的影响。

1. 企业形象的建立

企业的形象是企业自身的定位和对消费者的告知。这个时期的社会饮食业是通过招牌、匾额、酒旗来完成形象的建立。陶穀的《清异录·酒浆门》载："唐末，冯翊城外，酒家门额书云：'飞空却回顾，谢此含春王'于王字末大书'酒'也。字体散逸，非世俗书，人谓是吕洞宾题。"[①] 吕洞宾所题自然是演绎，这个演绎又可能是酒家所为，但由此将本店特色的春王酒，昭告众人，是非常成功的形象建树。后世各类商家均重视匾额、楹联，此乃开端之一。酒旗又叫"酒帘""酒幔""酒幌""青帜""青旗""青帘"等，多用青布制成，一般悬挂于酒肆之外，是酒肆的标志，用以招徕顾客。唐诗中多有酒旗之唱。如："千里莺啼绿映红，水村山郭酒旗风。"[②] "斜雪北风何处宿，江南一路酒旗多。"[③] "酒幔高楼一百家，宫前杨柳寺前花。"[④] 可以说是成功的形象宣传。

女子当垆是酒肆、酒店另外一种的形象建树，是吸引消费者的有效手段。《太平广记卷六〇》引《墉城集仙录》记载："阳都女，阳都市酒家女也。"[⑤]《岭表录异》记载，在广州，"酒行即两面列，皆是女人招呼。"韦庄诗云："人人尽说江南好，游人只合江南老。春水碧于天，画船听雨眠。垆边人似月，皓腕凝霜雪。未老莫还乡，还乡须断肠。"[⑥] 陆龟蒙《酒垆》云："锦里多佳

---

① 〔宋〕陶穀．清异录（饮食部分）［M］．李益民等，注释．北京：中国商业出版社，1985.
② 〔清〕彭定求等．全唐诗·卷五百二十二［M］．北京：中华书局，1960.
③ 〔清〕彭定求等．全唐诗·卷五百七十［M］．北京：中华书局，1960.
④ 〔清〕彭定求等．全唐诗·卷三百一［M］．北京：中华书局，1960.
⑤ 〔宋〕李昉等．太平广记·卷第六十［M］．北京：中华书局，1961-9.
⑥ 〔清〕彭定求等．全唐诗·卷八百九十二［M］．北京：中华书局，1960-4.

人，当垆自沽酒。”[①] 白居易《东南行一百韵》云：“软美仇家酒，幽闲葛氏姝。十千方得斗，二八正当垆。”[②] 而胡人酒家更是以貌美的胡姬当垆，而被命名为胡姬酒家。李白的《少年行》诗云：“五陵年少金市东，银鞍白马度春风。落花踏尽游何处，笑入胡姬酒肆中。”[③]《前有一樽酒行》诗云：“胡姬貌如花，当垆笑春风。”[④] 王维的《过崔附马山池》诗云：“画楼吹笛妓，金碗酒家胡。”[⑤] 施肩吾的《戏郑申府》诗云：“年少郑郎那解愁，春来闲卧酒家楼。胡姬若拟邀他宿，挂却金鞭系紫骝。”[⑥] 引客、留客的效果是明显的。

2. 交易手段的灵活

《旧唐书·食货志》记载：“（唐）高祖即位，仍用隋之五铢钱。武德四年（公元621）七月，废五铢钱，行开元通宝钱，径八分，重二铢四絫，积十文重一两，一千文重六斤四两。”[⑦] 钱文由书法家欧阳询书写，面文“开元通宝”，形制仍沿用秦方孔圆钱。这是唐代的通行货币，社会饮食业的买卖活动自然主要以货币为主，但以物交换、以物质押、赊贷消费等。表现出这个时期交易手段的灵活性，这是经营的需要，也是行业之间竞争的结果。

以物交换的交易形式很普遍，尤其是囊中羞涩而又嗜酒的文人，常用随身物品与酒肆交换，李白的《将进酒》诗云：“五花马，千金裘，呼儿将出换美酒，与尔同销万古愁。”[⑧] 虽然不无夸张，但也符合事实。以物质押而消费则更多，抵押物品也多种多样，《太平广记》卷七七引《广德神异录》记载，叶法善“至西凉州，将铁如意质酒肆”[⑨]，这是以铁如意做抵押消费。杜牧的

① 〔清〕曹寅等．全唐诗·卷六二〇［M］．上海：上海古籍出版社，1996.
② 〔清〕曹寅等．全唐诗·卷四三九［M］．上海：上海古籍出版社，1996.
③ 〔清〕彭定求等．全唐诗·卷八二十四［M］．北京：中华书局，1960-4.
④ 〔清〕彭定求等．全唐诗·卷一百六十二［M］．北京：中华书局，1960-4.
⑤ 〔唐〕王维．王维集校注·卷四［M］．北京：中华书局，1997-8.
⑥ 〔清〕彭定求等．全唐诗·卷四百九十四［M］．北京：中华书局，1960-4.
⑦ 〔后晋〕刘昫等．旧唐书·卷四十八［M］．北京：中华书局，1975-5.
⑧ 〔清〕曹寅等．全唐诗·卷一六二［M］．上海：上海古籍出版社，1996 年．
⑨ 〔宋〕李昉等．太平广记·卷第七十七［M］．北京：中华书局，1961-09.

《代吴兴妓春初寄薛军事》诗云："金钗有几只，抽当酒家钱。"[①] 这是以金钗做抵押消费。《太平广记》卷一九引《女仙传》记载，某仙人在陈州"即以素书五卷质酒钱，……数岁，质酒仙人复来"[②]，是以书籍做抵押消费。更多是以衣服做抵押，白居易《效陶潜体诗十六首》诗云："有一燕赵士，言貌甚奇瑰。日日酒家去，脱衣典数杯。"[③]《太平广记》卷二三七引《杜阳编》记载，公主的步辇夫把锦衣质在广化坊的酒肆中。当然以物做抵押，日后尚可赎回。故酒家要将顾客所质物品妥为保管，否则还要据物赔偿。

社会饮食业还有凭信用赊贷，日后再偿付的交易方式，《白居易·效陶诗》云："家酝饮已尽，村中无酒贳。坐愁今夜醒，其奈秋怀何。"[④] 这是村中无酒可贷。王绩的《过酒家五首》中"来时长道贳，惭愧酒家胡"[⑤] 是赊贷消费。《太平广记》卷四〇引《逸史》记载，西川"有一鬻酒者，酒胜其党，又不急于利，赊贷甚众。每有纱帽藜杖四人来饮酒，皆至数斗，积债十余石，即并还之"[⑥]。赊酒资能达十余石，"不急于利，赊贷甚众"的营销方式，对企业的发展是有重要作用的，当然自身的经济实力是关键。

四、歌舞艺术的商业化

在中国，将本是宫廷、官府之制的歌舞引入社会饮食业，胡姬是始作俑者。当然，胡姬歌舞有自己的民族特点，但这些特点在被汉家吸收之后，亦为宫廷和官府所用，而唐玄宗之梨园，政府之教坊的歌舞亦能通过歌舞伎进入社会饮食业而被商业活动所用，被赋予佐酒、侍筵的功能。所有这些，在唐人之诗中被大量表现。

---

① 〔清〕彭定求等．全唐诗·卷四五百二十二［M］．北京：中华书局，1960.

② 〔宋〕李昉等．太平广记·卷第五十九［M］．北京：中华书局，1961-9.

③ 〔清〕彭定求等．全唐诗·卷四百二十八［M］．北京：中华书局，1960-4.

④ 〔清〕彭定求等．全唐诗·卷四百二十八［M］．北京：中华书局，1960-4.

⑤ 〔清〕曹寅等．全唐诗·卷三七［M］．上海：上海古籍出版社，1996. 本诗题目一作《题酒店壁》，诗文中的"胡"一作"壶"。

⑥ 〔宋〕李昉等．太平广记·卷第四十［M］．北京：中华书局，1961-9.

先是胡姬，杨巨源的《胡姬词》诗云："妍艳照江头，春风好客留。当垆知妾惯，送酒为郎羞。香渡传蕉扇，妆成上竹楼。数钱怜皓腕，非是不能留。"① 贺朝的《赠酒店胡姬》诗云："胡姬春酒店，弦管夜锵锵。红毾铺新月，貂裘坐薄霜。玉盘初鲙鲤，金鼎正烹羊。上客无劳散，听歌乐世娘。"②其他酒楼亦如此。《杨娼传》记载："杨娼者，长安里中之殊色也，态度甚郁，复以冶容自喜，王公钜人享客，竞邀致席上。虽不饮者，必为之饮满尽欢。"③崔颢《渭城少年行》云：渭城垆头酒新熟，金鞍白马谁家宿，可怜锦瑟筝琵琶，玉台新酒就君家。"④《樊川文集》卷一《自宣州赴官入京路逢裴坦判归宣州因题赠》诗云：萦风酒旆挂朱阁，半醉游人闻弄笙。"元稹的《和乐天示杨琼》诗云："我在江陵少年日，知有杨琼初唤出，腰身瘦小歌圆紧，依约年应十六七。"诗自注云："杨琼本名播，少为江陵酒妓。"

但这个时期的酒妓（伎），并非只有美貌，许多是有较高文化素养和才艺在身的，据《太平广记》卷一七七引《本事诗》记载，张郎中"尝为广陵从事，有酒妓尝好致情，而终不果纳，至是二十年，犹在席"。一次在筵席上，"以指染酒，题词盘上，妓深晓之"⑤。该酒妓（伎）能在这家酒肆服务二十年，确非仅凭相貌，而是靠才艺和文化修养做到的。但大多数歌舞伎是吃青春饭的，正如白居易的《琵琶引》诗云："十三学得琵琶成，名属教坊第一部。曲罢曾教善才服，妆成每被秋娘妒。五陵年少争缠头，一曲红绡不知数。钿头银篦击节碎，血色罗裙翻酒污。今年欢笑复明年，秋月春风等闲度。弟走从军阿姨死，暮去朝来颜色故。门前冷落鞍马稀，老大嫁作商人妇。商人重利轻别离，前月浮梁买茶去。去来江口守空船，绕船月明江水寒。夜深忽梦少年事，梦啼妆泪红阑干。"⑥

---

① 〔清〕彭定求等．全唐诗·卷三三三［M］．北京：中华书局，1984.
② 〔清〕彭定求等．全唐诗·卷一一七［M］．北京：中华书局，1984.
③ 汪辟疆．唐人小说［M］．上海：上海古籍出版社，1978.
④ 〔明〕高棅．唐诗品汇·七言古诗卷之六［M］．北京：中华书局，2015-1.
⑤ 〔宋〕李昉等．太平广记·卷一七七引本事诗［M］．北京：中华书局，1961.
⑥ 〔清〕彭定求等．全唐诗·卷四百三十五［M］．北京：中华书局，1960-4.

图 8-35　莫高窟品壁画酒肆图

图 8-36　莫高窟壁画宅子酒肆图

第六节　烹饪经验与理论建树

隋、唐、五代时期，从宫廷、官府的膳食到社会饮食业都为中国烹饪的发展提供了空前优越的基础和条件。故这个时期有关烹饪经验的总结和相关理论的著述都比较多。据史书和各类唐人笔记记载，在中国烹饪经验总结方面，隋代有马琬的《食经》、崔禹锡的《崔氏食经》、谢讽的《食经》《淮南王食经》，唐代有《严龟食法》、杨晔的《膳夫经手录》、段文昌的《邹平公食宪章》、韦巨源的《烧尾食单》、段成式的《酉阳杂俎》、无名氏的《斫脍书》，五代有《食典》，但多数已经亡佚。在烹饪食疗理论方面有唐代孟诜的《食疗本草》、昝殷的《食医心鉴》、孙思邈的《千金要方·食治》、陈士良的《食性本草》。在茶道方面有唐代陆羽的《茶经》、张又新的《煎茶水记》、苏廙的《十六汤品》等。

一、烹饪经验的总结

从现存的《食经》《烧尾食单》《膳夫经手录》《酉阳杂俎》《烹小鲜赋》《形盐赋》等著述来看，有关菜肴配伍、原料种类与特点、烹饪技术及筵席菜单大都来源宫廷官厨和文人的有关记载，与社会饮食业的关联较少。这种状况是不同的消费层次和不同素质的从业人员所造成的。

1.《食经》

《食经》[①] 由隋代谢讽所作。据载，谢讽曾为隋炀帝的尚食直长。《大业拾遗》载他另著有《淮南王食经》，但已亡佚。《食经》原书也已亡佚，是五代的陶穀在其《清异录》卷下《馔羞门》抄录了该书中的53种菜点，才使我们能够管中窥豹。这53个品种包括了脍、羹、面、糕、饭、臛、鲊、寒具、炙、饼、腊等诸多类别，面食占13种，比例最多。肉食以羊肉为主，占8种。其中如“飞鸾脍”“香翠鹑羹”“剔缕鸡”“千金碎香饼子”“花折鹅糕”“云头对炉饼”“朱衣餤”“龙须炙”“添酥冷白寒具”“虞公断醒鲊”“越国公碎金饭”“北齐武威王生羊脍”等，应为当时的名馔佳肴。仅从名称所看，这些品种工艺考究、制法繁复，代表着斯时京师洛阳的烹饪技术水平所在。可惜没有原料和工艺流程的记载，给后世的研究带来诸多的遗憾。

2.《烧尾食单》

《烧尾食单》，是唐中期的一份烧尾宴食单，虽然残缺，但十分珍贵，是我们了解唐代名筵烧尾宴的重要途径。

烧尾宴之名称，有两种解释：其一，新授官职者按例应向皇帝献食，称为“烧尾”。《旧唐书·苏瑰传》载：“公卿大臣初拜官者，例许献食，名曰烧尾。”[②] 其二，学子登第或升迁时的贺宴也称烧尾。封演《封氏闻见记》卷五《烧尾》载：士子初登，荣进及迁除，朋僚慰贺，必盛置酒馔、音乐，以展欢宴，谓之“烧尾”。[③] 关于“烧尾”之“尾”，也有多种说法：一曰虎尾。“说者谓虎变为人，唯尾不化，须为焚除，乃得成人；故以初蒙拜授，如虎得人，本尾犹在，体气既合，主为焚之，故云‘烧尾’。”二曰羊尾。“一云新羊入群，乃为诸羊所触，不相亲附，火烧其尾，则定。”[④] 三曰鱼尾。孙光宪的

---

① 〔北魏〕崔浩．食经［M］．北京：中国纺织出版社，2006-11.

② 〔后晋〕刘昫等．旧唐书［M］．北京：中华书局，1975-05.

③ 〔唐〕封演撰．赵贞信校注．封氏闻见记校注·卷五［M］．北京：中华书局，1958.

④ 〔宋〕赵令畤．侯鲭录·卷六［M］．北京：中华书局，2002-9.

《北梦琐言》卷四《祖系图进士榜》载："鱼将化龙，雷为烧尾。"[1] 故唐人常以"烧尾"比喻士人中举，鱼跃龙门。唐人黄滔的《喜陈先辈登第》诗云："飞离海浪从烧尾，咽却金丹定易牙。"[2] 此"烧尾"亦指鱼尾。烧尾宴始起于唐初，盛于唐中宗统治年间。唐玄宗即位后，励精图治，提倡节俭，抑制奢靡，移风易俗，烧尾宴之风遂逐渐止息。

现存的烧尾食单，是唐景龙三年（公元 709 年）二月，韦巨源官拜尚书左仆射在家设烧尾宴，宴请唐中宗。《清异录·馔羞门》载："韦巨源拜尚书令，上烧尾食，其家故书中尚有食帐，今择其奇异者略记。"[3] 故这份《食谱·烧尾食单》并不完整。

《烧尾食单》共收录了 58 种菜点，且在每道菜点之下还简注了原料和制作方法。其中有用羊、牛、豕、鸡、鹅、鸭、鹌鹑、熊、鹿、狸、兔、鱼、虾、鳖等为原料制成的菜肴。有乳酥、夹饼、面、膏、饭、粥、馄饨、汤饼、毕罗、粽子等面饭制品。极具代表的菜点如"素蒸音声部"（面蒸，像蓬莱仙人，凡七十事），是以面粉调制各类面团，通过塑性、着色，再现了一个盛唐乐队的演唱者和演奏者，有着极高的工艺水平。其他的如"生进二十四气馄饨（花形、馅料各异，凡二十四种）""八仙盘""仙人脔""箸头春""遍地锦装鳖""汤浴绣丸""见风消""曼陀样夹饼""巨胜奴""单笼金乳酥（酥蜜寒具）""贵妃红（加味红酥）""婆罗门轻高面""水晶龙凤糕""汉宫棋""御黄王母饭""生进鸭花汤饼""光明虾炙""乳酿鱼""通花软牛肠""五生盘""雪婴儿""白龙臛""凤凰胎"等等。或以造型见长，如"遍地锦装鳖""八仙盘"，或以质味取胜，如"水晶龙凤糕""汤浴绣丸"，或以技法称雄，如"乳酿鱼""通花软牛肠"。这些品种虽非"烧尾宴"的全部，只是其中之"奇异者"，虽有奢华的一面，但其用料广泛、技艺高超、精彩纷呈，在某些

---

① 〔宋〕孙光宪．北梦琐言·卷四［M］．上海：上海古籍出版社，1981.

② 〔清〕彭定求等．全唐诗·卷七百五［M］．北京：中华书局，1960-4.

③ 〔清〕翟灏．通俗编·附直语补证［M］．北京：中华书局，2013-6.

方面令今人也难以企及。

3.《膳夫经手录》

杨晔的《膳夫经手录》[①]，成书于唐宣宗大中十年（公元856年），共四卷，现仅存一卷，约1500字。主要记载了各地烹饪原料及粗加工的一些内容，包括粮谷、蔬菜、荤食、水果、茶、熟食等类的产地、特征、禁忌。如对樱桃的介绍是“其种有三，大而殷者，吴樱桃；黄而白者，腊珠；小而赤者，水樱桃，食之不如腊珠”。水葵（莼菜）是“味甘平，无毒，性冷而疏宜，多食损人”。“虏豆”是“北地少而江淮多”。“薯药”是“多生岗阜，宜沙地”。薏苡仁“煮食之甚美”，芋头“晒干磨粉代粮”“苜蓿、勃公英皆可为生菜”。制作鱼脍是“鲙莫先于鲫鱼，鳊、鲂、鲷、鲈次之，鲚、鯴、黄、竹为下。其他皆强为之尔，不足数也”。对于河豚则明确提出“有大毒，中者即死。灌蒌蒿汁即复苏。”这些经验与总结对于后世的烹饪活动都极具遵循，也有重要的参考意义与价值。

4.《酉阳杂俎》

段成式所著的《酉阳杂俎》[②] 成书于公元853年。全书共有前集二十卷，续集十卷。书中所涉门类极多，仙佛鬼怪、人事掌故、动植物、酒食、寺庙等，包罗万象。《四库全书总目》记载：“其书多诡怪不经之谈，荒渺无稽之物，而遗文秘籍，亦往往错出其中，故论者虽病其浮夸，而不能不相微引，自唐以来，推为小说之翘楚，莫或废也。”[③]

《酉阳杂俎》卷七为“酒食”，记载了南北朝至唐代的烹饪原料、菜点、酒名、饮食掌故等，如猪骸羹、白羹、鸽臛、蛙炙、桑落酒、马酪、野猪鲊、清酒、蒸梨、兜猪肉和瀹鲇法、鲙法、鱼肉冻旺法等菜肴制作方法。书中强调了火候及调味的重要性。其对胡椒、胡麻、葡萄、桃、茄子等原料或调料的记

① 〔唐〕杨晔．膳夫经手录［M］．上海：上海古籍出版社，1996-01.

② 张仲裁．酉阳杂俎（全2册·中华经典名著全本全注全译）［M］．北京：中华书局，2017-04.

③ 〔清〕永瑢，纪昀．四库全书总目［M］．北京：中华书局，1995.

载，让我们了解到：胡椒作为调料非常流行的，《酉阳杂俎》卷十八载：“今人作胡盘肉食皆用之。”芝麻油普遍应用，茄子从朝鲜传入中原并开始种植食用等。

5.《烹小鲜赋》

王起的《烹小鲜赋》载于《全唐文》①“有洌者泉，生乎小鲜。将成登俎之美，必求爨鼎之妍。惟烹也在于不挠，惟鱼也贵于克全。苟司味之有术，谅为政而则然。若乃海曲芦人，江潭舟子。厌颁首于蒲藻，得纤鳞于沼沚。常窥潎潎，漏于密网之中；今则炎炎，烹于沸鼎之里。是以激之有度，烂而足耻。先明水火之济，用契盐梅之理。然后合遝有声，沸腾以烹。碎文弱质，万品千名。以锉脆之易坏，当汹涌之方惊。触之则土崩可喻，安之则锦质皆成。盖以小为贵，在中和且平。乃加以姜桂，杂以薪燎。同露镬之白游，柬前箸而不扰。虽汤腾其内，火烈其表。惟自然于众味，终不乱于群小。既荐尾而获珍，皆骈首而可晓。向若烂之不恤，挠之是刺。急舒无节乎中，躁静不放乎外。自然成鱼馁而不食，比水烦而不大。空摧鳞而莫分，宁去乙而知害。则知国喻乎鼎，人喻乎鱼。鱼之乱则烹以静，人之繁则制以徐。鼎中之咸若，天下之晏如。鲜之烹也不挠，人之理兮作则。将申老氏之戒，用假庖人之职。既不爽于和羹，幸有光于为国。”唐王起的《烹小鲜赋》或许意不在烹饪，但“惟烹也在于不挠”，小鲜不可扰动，“先明水火之济，用契盐梅之理”的用火和调味都是宝贵的烹饪经验。

6.《形盐赋》

张颖的《形盐赋》载于《全唐文》②“形盐似虎，岐峙山立。虎则百兽最威，盐乃万人取给。合二美以成体，何众羞之能及。厥贡惟错，将蛤蜃以俱来。充君之庖，与昌歜而俱入。丽哉！其义可嘉，其美可颂。鲁崇宴赏，周公实来。殷作和羹，傅说登用。向若美景初霁，奇状不遥。映金盘以皎皦，临象

① 〔清〕董诰．全唐文［M］．北京：中华书局，2013.
② 〔清〕董诰．全唐文［M］．北京：中华书局，2013.

箸而光昭。远则雪山出地，近则白虎戏朝。瞿瞿其肉，威而且猱。眈眈其目，视而不恌。立而成形也，白黑相对。融而司味也，咸酸必调。厥味伊何，物不可并。水火相济，为君子以成八珍。上下协谐，具公餗而登五鼎。利我者则众，成我者几何。备物象形，即贱不干贵，皆可适口，岂同而不和。至如大君式宴，樽俎充盈，形盐具矣，以为宾荣。意者取国君，文足昭德，武以弭兵。时之所贵，物莫能京。故天官叙其职，春秋美其名。必也见遗，则陆沉于怀土。如或可用，当济代之和羹。倘有裨于家国，在吾道之应行”。其中“融而司味也，咸酸必调”“备物象形，即贱不干贵，皆可适口”是对和味与原料使用的认识。尤其是“贱不干贵，皆可适口”反映了对加工和调味方面的深刻认识，对烹饪极有指导意义。

在上述文献之外，已经亡佚的《斫脍书》在清代《湖雅》卷八“鱼脍”条中所引《紫桃轩杂缀》留下了点信息。“苕上祝翁……其家传有唐《斫脍书》一编。文极奇古，类陆季疵《茶经》。首编制刀砧，次刖鲜品，次列刀法。有小晃白、大晃白、舞梨花、柳叶缕、对翻蛺蝶、千丈线等名。大都称其运刃之势与所斫细薄之妙也。末有下豉盐及泼沸之法。务须火齐与均和三味。”① 文中这些鱼脍名称和用刀的介绍是对中国千年制脍经验与技术的总结，其书失传，殊为可惜。

在对原料的认知方面，陶穀的《清异录》② 中有一条关于“羹本”的记述。“郝轮陈别墅蓄鸡数百。外甥丁权伯劝谕轮：‘蓄一鸡，日杀小虫无数，况损命莫知纪极，岂不寒心。’轮曰：‘汝要我破除羹本，虽亲而实疏也。’”这是对鸡类原料在制羹中所起作用的最早记载，虽非出于专业人士之口，但鸡为羹之本的结论确属真知，也是这个时代大量烹饪实践的总结。故后世烹饪制汤，从不缺鸡，盖因无鸡不鲜。乳酪、酥、醍醐等外来原料的使用，谢讽《食经》、韦巨源《烧尾食单》中都有记述，如“贴乳花面英”“加乳腐”“添酥

---

① 〔清〕俞樾．茶香室三钞·卷二十五［M］．北京：中华书局，1995-2.
② 〔宋〕陶穀．清异录．王氏谈录（全2册）［M］．北京：中华书局，1991.

冷白寒具”“单笼金乳酥”等，乳酪都是其中的重要原料。《云仙杂记》卷一记载：“房寿六月召客，……捣莲花制碧芳酒，调羊酪造含风鲊。”《唐摭言》卷十五记载：“赐银饼餤，食之甚美，……皆乳酪膏腴之所为也。”①

在上述经验总结的基础上，唐代官厨有两大烹饪原则，一是“中使炮烹，皆承圣法。不资椒桂之力，备适盐梅之昧。”②（《全唐文》卷三三三）“不资椒桂之力”是以盐提鲜，调和五味，而得本味。这是宫廷烹饪所坚持的“圣法”。二是“每说物无不堪食，唯在火候，善均五味。”③（段成式《酉阳杂俎》）强调了把握火候在烹饪中的作用，这是官员家厨的认知。在唐代这个宫廷和官府可以汇聚八方之珍的时代，能有如此认识，是难能可贵的。它继承了自《本味篇》始，中国烹饪所确立的基本理论，对后世的烹饪技术、理论的发展都有积极的意义。

二、食疗概念下的烹饪理论

当中医药学形成体系后，食医也脱离了社会饮食业的技术工种体系，但中国烹饪的诸多理论则是在宫廷、官厨的烹饪实践中，在食疗的概念下得以逐步发展、成形的。所谓食疗，又称食治，即食物疗法或饮食治疗，是以疾病为对象，根据不同的疾病或疾病所处的不同阶段，选取具有不同物性的原料，采用不同的烹饪方法，以食为药，以药为食，形成了相对独立的理论和实践的范畴。这在《食疗本草》《食医心鉴》《千金要方·食治》《食性本草》《备急千金要方》《食医心鉴》《大业杂记》《酉阳杂俎》等著作中均有反映。

1.《备急千金要方》

《备急千金要方》④简称《千金方》，是唐代著名医药学家孙思邈所撰，被称为我国最早的一部临证实用百科全书。全书共三十卷，其中第二十六卷为

① 〔五代〕王定保．唐摭言［M］．北京：中华书局，1959-09.
② 〔清〕董诰等．全唐文·卷三百三十三［M］．北京：中华书局，1983-11.
③ 〔唐〕段成式．酉阳杂俎校笺·前集卷七［M］．北京：中华书局，2015-07.
④ 〔唐〕孙思邈．备急千金要方［M］．香港：宏业书局，1976.

“食治”专篇，是中国最早的“食治”专论。孙思邈认为：“上医医未病之病，下医医已病之病。”“夫为医者，当须洞晓病源，知其所犯，以食治之，食疗不愈，然后命药。”强调“治未病”指出“安身之本，必资于食……食能排邪而安脏腑，悦神爽志以资气血。若能用食平疴，释情遣疾者，可谓良工”。这就把在以《黄帝内经》《本味篇》等典籍指导下的中国烹饪及其制品置于了上医的位置之上，其意义、其影响，深远而重大。

《千金方》根据食材特点将其分为果实、菜蔬、谷米、鸟兽虫鱼四类，共记载食材154种，其中果实29种、菜蔬58种、谷米27种、鸟兽虫鱼40种，并详细列出其性味、损益、服食禁忌及主治疾病，包括一些制作、食用方法。有些方子，如使用动物肝脏治疗雀盲（夜盲症），使用海藻、昆布治疗瘿瘤（甲状腺肿大），使用赤小豆、薏苡仁、白谷皮治疗脚气病等，功效卓越，至今依然被人们沿用。

2.《食疗本草》

孟诜师从孙思邈，曾著有《补养方》一书，后经其门下张鼎增补，易名《食疗本草》，全书三卷，但现仅存残卷。

《食疗本草》① 共收载食材260余种，并新增了前代文献未曾载入的品种，如鱼类中的鳜鱼、鲈鱼、石首鱼（黄花鱼），蔬菜类中的雍菜（空心菜）、菠稜（菠菜）、白苣（莴苣）、胡荽（香菜），谷物中的绿豆、白豆、荞麦等。

《食疗本草》继承孙思邈“食疗为先”的理念，又有所发展和突破。主要体现在四个方面：其一，列出各种食材的饮食宜忌，强调合理配伍原则，重视以食解毒。其二，广采博收不同地域的食材，比较了地域不同、饮食习惯不同食用同一种食材的不同效果，确立了“因时、因地、因人制宜”的食疗原则。其三，关注食材的安全、卫生，注意到动物性食材的非正常死亡后及加工、储存不当的危害，介绍了部分食材正确的烹调和加工储存方法。其四，总结了当

① 钱超尘．食疗本草［M］．北京：中华书局，2011.

时的食疗经验。

《食疗本草》全书“皆说食药治病之效”，是首部以“食疗”命名的本草学专著，对后世的食疗本草学发展产生了很大影响。

3.《食医心鉴》

昝殷是唐代蜀地名医，其《食医心鉴》[①] 共两卷，是食疗方剂的专著。书中按照病症分类，论述病症后，再具体介绍相关的食疗方剂，并说明疗效，列举食材和药材的名称、用量，介绍制作方法和食用方法。书中所列食材，大多是常见的稻米、面粉、粟米、薏苡仁、巨胜、薯药、木瓜、赤小豆、鸡蛋、猪肾、猪心、羊肉、鲤鱼、鲫鱼、野鸭、牛乳、芦根、淡竹叶、梨等，其制作方法也简单明了，可做粥、做面、做馄饨、熬羹汤、以酒浸等。如“治脾胃气弱见食呕吐瘦弱无力方”：“面四大两，鸡子清四枚。右，以鸡子清溲面做索饼，熟煮于豉汁中，空心食之。”“治脾胃气弱食不下黄瘦无力方”：“面四大两，白羊肉四大两。右，溲面做索饼，羊肉作臛，熟煮，空心食之。以生姜汁溲面更佳。”“治噎病不下食方”：“舂杵头糠半合，面四两。右，相和溲，作馎饦，空心食之。”“治妊娠胎动不安方”：用“糯米三合，阿胶四分，炙捣为末。右，煮糯米粥，投阿胶末调和，空心食之。”《食医心鉴》中简明的食治方法在当时得到很大的推崇。

4.《酉阳杂俎》

《酉阳杂俎》在记载酒食和食材之外，还有大量食疗本草及药材的内容，主要集中在《前集·酒食医》和《前集·广动植》中，[②] 书中所载药材达 190 种左右，多数为可药可食之物。并详细介绍其来源、形态、产地、别名、功用等。

书中所记载的这些食、药资料具有很高价值，被很多后世著作引用。如宋代唐慎微《证类本草》在“麻黄”“阿魏”“龙脑香及膏香”和“胡椒”条下

① 〔唐〕昝殷．食医心鉴［M］．东方学会印行，1924.
② 段成式．酉阳杂俎［M］．曹中孚，校点．上海：上海古籍出版社，2012.

就保留了《酉阳杂俎》原文。如卷第八《麻黄》："段成式酉阳杂俎云：麻黄，茎端开花，花小而黄，蔟生。子如覆盆子，可食。至冬枯死如草，及春却青。"[①] 卷第九《阿魏》："段成式酉阳杂俎云：阿魏出伽国，即北天竺也。亦生波斯国，呼为阿虞截。木长八、九尺，皮色青黄。三月生叶，似鼠耳，无花实。断其枝，汁出如饴，久乃坚凝，名阿魏。"[②] 卷第十四《胡椒》："段成式酉阳杂俎云：胡椒，出摩伽陀国，呼为昧履支。其苗蔓生，茎极柔弱，叶长寸半。有细条与叶齐，条上结子，两两相对。其叶晨开暮合，合则裹其子于叶中。形似汉椒，至辛辣，六月采，今作胡盘肉食，皆用之也。"[③] 李时珍《本草纲目》引用更是多达数十条，可见《酉阳杂俎》一书对后世学者影响之深。

5.《大业杂记》

《大业杂记》[④] 又名《大业拾遗》，为唐代杜宝所撰。书中对隋、唐被皇家、官员饮用的，作食疗之用各类饮子做了介绍。饮子为特制饮料，多用各类药材、食材熬制，有食疗之功效，与药饮可谓是异曲同工。《大业杂记》和其书中所引的《淮南王食经》记载了诸多宫廷杂饮，这些饮子自然出于食医和官厨之手，主要为以下几种。

五色饮：

（1）青饮：以扶芳叶为主要原材料。《大业杂记》载："大业五年"吴郡送扶芳二百树。其树蔓生，缠绕它树，叶圆而厚，凌冬不凋。夏月取其叶，微火炙使香，煮以饮，碧渌色，香甚美，令人不渴。"[⑤]

（2）赤饮：以拔楔根（樱桃根，或说为一种似松植物）制赤饮。

（3）白饮：即酪浆。

（4）玄饮：乌梅浆。

---

① 唐慎微．证类本草［M］．郭君双，注释．北京：中国医药科技出版社，2011.

② 唐慎微．证类本草［M］．郭君双，注释．北京：中国医药科技出版社，2011.

③ 唐慎微．证类本草［M］．郭君双，注释．北京：中国医药科技出版社，2011.

④ 刘义庆．世说新语．大业杂记（全三册）·丛书集成［M］．北京：中华书局，1991.

⑤〔唐〕杜宝．大业杂记辑校［M］．北京：中华书局，2020-1.

（5）黄饮：江浆。

五香饮：

沉香饮、丁香饮、檀香饮、泽兰香饮、甘松香饮，有味而止渴，兼于补益。

四时饮：

四时饮，“天子食饮，必顺四时”①，春有扶芳饮、桂饮、江笙饮、竹叶饮、荠苨饮、桃花饮，夏有酪饮、乌梅饮、加蜜砂糖饮、姜饮、加蜜谷叶饮、皂李饮、麻饮、麦饮，秋有莲房饮、瓜饮、香茅饮、加砂糖茶饮、麦门冬饮、葛花饮、槟榔饮，冬有茶饮、白草饮、枸杞饮、人参饮、茗饮、鱼荏饮、苏子饮，并加佩②。其原则是：尚食奉御掌供天子之常膳，随四时之禁，适五味之宜，四时之禁，春禁伤肝，夏禁伤心，秋禁伤肺，冬禁伤肾。

三、《茶经》与茶道

茶的清热、解毒、益思、悦志的功用，至隋、唐、五代已得到社会各阶层的认可。饮茶成为时尚。《封氏闻见记》载：“自邹、齐、沧、棣，渐至京邑城市，多开店铺，煎茶卖之，不问道俗，投钱取饮。”③“茶道大行，王公朝士无不饮者。”《膳夫经手录》载：“关西山东，闾阎村落皆吃之。累日不食犹得，不得一日无茶也。”唐代饮茶方式主要是“煮茶法”，又称“煎茶法”。当时生产的茶叶主要有粗、散、末、饼四类，其中以茶饼最为流行。

1.《茶经》

《茶经》④为陆羽所作，全书共七千多字，分三卷十篇，卷上：一之源，谈茶的性状、名称和品质；二之具，讲采制茶叶的用具，如采茶篮、蒸茶灶、焙茶棚等；三之造，谈茶的种类和采制方法。卷中：四之器，介绍烹饮茶叶的

① 〔唐〕李林甫．唐六典·卷十一［M］．北京：中华书局，1992.

② 〔唐〕杜宝．大业杂记［M］．西安：三秦出版社，2006.

③ 〔唐〕封演．封氏闻见记校注［M］．赵贞信，校注．北京：中华书局，2016.

④ 〔唐〕陆羽．茶经（中华经典指掌文库）［M］．沈冬梅，评注．北京：中华书局，2015.

器具，即 24 种饮茶用具，如风炉、茶釜、纸囊、木碾、茶碗等。卷下：五之煮，讲述煮茶的方法和各地水质的品第；六之饮，谈饮茶的风俗，即陈述唐代以前的饮茶历史；七之事，叙述古今有关茶的故事、产地和药效等；八之出，将唐代全国茶区的分布归纳为山南（荆州之南）、浙南、浙西、剑南、浙东、黔中、江西、岭南等八区，并论述各地所产茶叶的优劣；九之略，分析采茶、制茶用具；十之图，教人将采茶、加工、饮茶的全过程抄绘在绢帛上，悬挂于茶室。《茶经》系统地总结了当时的茶叶采制和饮用经验，全面论述了有关茶叶起源、生产、饮用等各方面的问题，确立了一个非常完整的茶文化体系，开创了中国茶道的先河。《茶经》倡导的“饮茶之道”崇尚简约、自然的饮茶观念，强调“道法自然”，是包括鉴茶、选水、赏器、取火、炙茶、碾末、烧水、煎茶、酌茶、品饮等一系列的程序、礼法、规则。

2.《十六汤品》

《十六汤品》[①] 为唐代苏廙所作，是茶道中用水之讲究。

“汤者，茶之司命。若名茶而滥汤，则与凡末同调矣。煎以老嫩言者凡三品，自第一至第三。注以缓急言者凡三品，自第四至第六。以器类标者共五品，自第七至第十一。以薪火论者共五品，自十二至十六。

“第一，得一汤。火绩已储，水性乃尽，如斗中米，如称上鱼，高低适平，无过不及为度，盖一而偏杂者也。天得一以清，地得一以宁，汤得一可建汤勋。

“第二，婴汤。薪火方交，水釜才识，急取旋倾，若婴儿之未孩，欲责以壮夫之事，难矣哉！

“第三，百寿汤，一名白发汤。人过百息墨水逾十沸，或以话阻，或以事废，始取用之，汤已失性矣。敢问鬓苍颜之大老，还可执弓抹矢以取中乎？还可雄登阔步以迈远乎？

① 李德辉．全唐文作者小传正补・卷九四六．苏廙［M］．沈阳：辽海出版社，2011-11.

“第四，中汤。亦见夫鼓琴者也，声合中则妙；亦见磨墨者也，力合中则浓。声有缓急则琴亡，力有缓急则墨丧，注汤有缓急则茶败。欲汤之中，臂任其责。

“第五，断脉汤。茶已就膏，宜以造化成其形。若手颤臂亸，惟恐其深，瓶嘴之端，若存若亡，汤不顺通，故茶不匀粹。是犹人之百脉，气血断续，欲寿奚苟，恶毙宜逃。

“第六，大壮汤。力士之把针，耕夫之握管，所以不能成功者，伤于粗也。且一瓯之茗，多不二钱，若盏量合宜，下汤不过六分。万一快泻而深积之，茶安在哉！

“第七，富贵汤。以金银为汤器，惟富贵者具焉。所以策功建汤业，贫贱者有不能遂也。汤器之不可舍金银，犹琴之不可舍桐，墨之不可舍胶。

“第八，秀碧汤。石，凝结天地秀气而赋形者也，琢以为器，秀犹在焉。其汤不良，未之有也。

“第九，压一汤。贵厌金银，贱恶铜铁，则瓷瓶有足取焉。幽士逸夫，品色尤宜。岂不为瓶中之压一乎？然勿与夸珍炫豪臭公子道。

“第十，缠口汤。猥人俗辈，炼水之器，岂暇深择铜铁铅锡，取热而已矣。是汤也，腥苦且涩。饮之逾时，恶气缠口而不得去。

“第十一，减价汤。无油之瓦，渗水而有土气。虽御胯宸缄，且将败德销声。谚曰：“茶瓶用瓦，如乘折脚骏登高。”好事者幸志之。

“第十二，法律汤。凡木可以煮汤，不独炭也。惟沃茶之汤非炭不可。在茶家亦有法律：水忌停，薪忌熏。犯律逾法，汤乖，则茶殆矣。

“第十三，一面汤。或柴中之麸火，或焚余之虚炭，木体虽尽而性且浮，性浮则汤有终嫩之嫌。炭则不然，实汤之友。

“第十四，宵人汤。茶本灵草，触之则败。粪火虽热，恶性未尽。作汤泛茶，减耗香味。

“第十五，贼汤。一名贱汤。竹筱树梢，风日干之，燃鼎附瓶，颇甚快意。

然体性虚薄，无中和之气，为茶之残贼也。

“第十六，大魔汤。调茶在汤之淑慝，而汤最恶烟。燃柴一枝，浓烟蔽室，又安有汤耶。苟用此汤，又安有茶耶。所以为大魔。”

3.《煎茶水记》

《煎茶水记》① 尤重水品，为唐张又新作，是对陆羽的《茶经》五之煮的发挥：

“故刑部侍郎刘公讳伯刍，于又新丈人行也。为学精博，颇有风鉴，称较水之与茶宜者，凡七等：扬子江南零水第一；无锡惠山寺石泉水第二；苏州虎丘寺石泉水第三；丹阳县观音寺水第四；扬州大明寺水第五；吴松江水第六；淮水最下，第七。

“斯七水，余尝俱瓶于舟中，亲挹而比之，诚如其说也。客有熟于两浙者，言搜访未尽，余尝志之。及刺永嘉，过桐庐江，至严子濑，溪色至清，水味甚冷，家人辈用陈黑坏茶泼之，皆至芳香。又以煎佳茶，不可名其鲜馥也，又愈于扬子南零殊远。及至永嘉，取仙岩瀑布用之，亦不下南零，以是知客之说诚哉信矣。夫显理鉴物，今之人信不迨于古人，盖亦有古人所未知，而今人能知之者。

“元和九年春，予初成名，与同年生期于荐福寺。余与李德垂先至，憩西厢玄鉴室，会适有楚僧至，置囊有数编书。余偶抽一通览焉，文细密，皆杂记。卷末又一题云《煮茶记》，云代宗朝李季卿刺湖州，至维扬，逢陆处士鸿渐。李素熟陆名，有倾盖之欢，因之赴郡。至扬子驿，将食，李曰：‘陆君善于茶，盖天下闻名矣。况扬子南零水又殊绝。今日二妙，千载一遇，何旷之乎！’命军士谨信者，挈瓶操舟，深诣南零，陆利器以俟之。俄水至，陆以勺扬其水曰：‘江则江矣。非南零者，似临岸之水。’使曰：‘某棹舟深入，见者累百，敢虚绐乎？’陆不言，既而倾诸盆，至半，陆遽止之，又以勺扬之曰：

① 〔唐〕张又新．煎茶水记［M］．北京：中华书局，1991.

‘自此南零者矣。’使蹶然大骇，驰下曰：‘某自南零赍至岸，舟荡覆半，惧其鲜，挹岸水增之。处士之鉴，神鉴也，其敢隐焉！’李与宾从数十人皆大骇愕。李因问陆：‘既如是，所经历处之水，优劣精可判矣。’陆曰：‘楚水第一，晋水最下。’李因命笔，口授而次第之：庐山康王谷水帘水第一；无锡县惠山寺石泉水第二；蕲州兰溪石下水第三；峡州扇子山下有石突然，泄水独清冷，状如龟形，俗云虾蟆口水，第四；苏州虎丘寺石泉水第五；庐山招贤寺下方桥潭水第六；扬子江南零水第七；洪州西山西东瀑布水第八；唐州柏岩县淮水源第九，淮水亦佳；庐州龙池山岭水第十；丹阳县观音寺水第十一；扬州大明寺水第十二；汉江金州上游中零水第十三，水苦；归州玉虚洞下香溪水第十四；商州武关西洛水第十五；未尝泥。吴松江水第十六；天台山西南峰千丈瀑布水第十七；郴州圆泉水第十八；桐庐严陵滩水第十九；雪水第二十，用雪不可太冷。

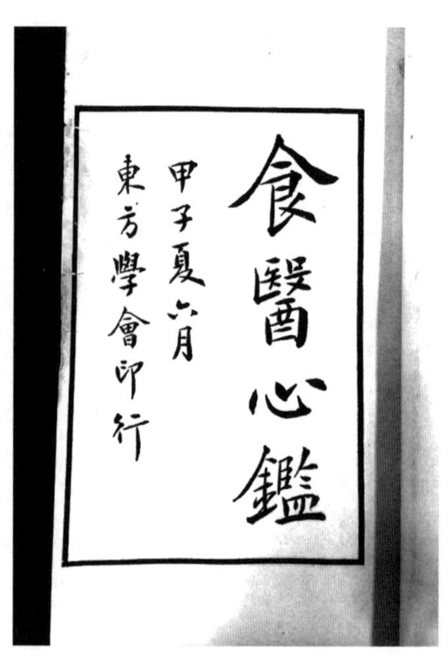

图 8-37 《食医心鉴》

“此二十水，余尝试之，非系茶之精粗，过此不之知也。夫茶烹于所产处，无不佳也，盖水土之宜。离其处，水功其半，然善烹洁器，全其功也。李置诸笥焉，遇有言茶者，即示之。又新刺九江，有客李滂、门生刘鲁封，言尝见说茶，余醒然思往岁僧室获是书，因尽箧，书在焉。古人云：‘泻水置瓶中，焉能辨淄渑。’此言必不可判也，力古以为信然，盖不疑矣。岂知天下之理，未可言至。古人研精，固有未尽，强学君子，孜孜不懈，岂止思齐而已哉。此言亦有裨于劝勉，故记之。”

4.《茶赋》

唐人顾况的《茶赋》① 是对茶、饮茶、茶事的咏叹：

“稷天地之不平兮，兰何为兮早秀，菊何为兮迟荣。皇天既孕此灵物兮，厚地复糅之而萌。惜下国之偏多，嗟上林之不至。如玳筵，展瑶席，凝藻思，间灵液，赐名臣，留上客，谷莺啭，泛浓华，漱芳津，出恒品，先众珍，君门九重，圣寿万春，此茶上达于天子也；滋饭蔬之精素，攻肉食之膻腻。发当暑之清吟，涤通宵之昏寐。杏树桃花之深洞，竹林草堂之古寺。乘槎海上来，飞锡云中至，此茶下被于幽人也。《雅》曰：‘不知我者，谓我何求？’可怜翠涧阴，中有碧泉流。舒铁如金之鼎，越泥似玉之瓯。轻烟细沫霭然浮，爽气淡云风雨秋。梦里还钱，怀中赠橘。虽神秘而焉求。”

① 〔清〕董诰等．全唐文·卷五百二十八［M］．北京：中华书局，1983-11.

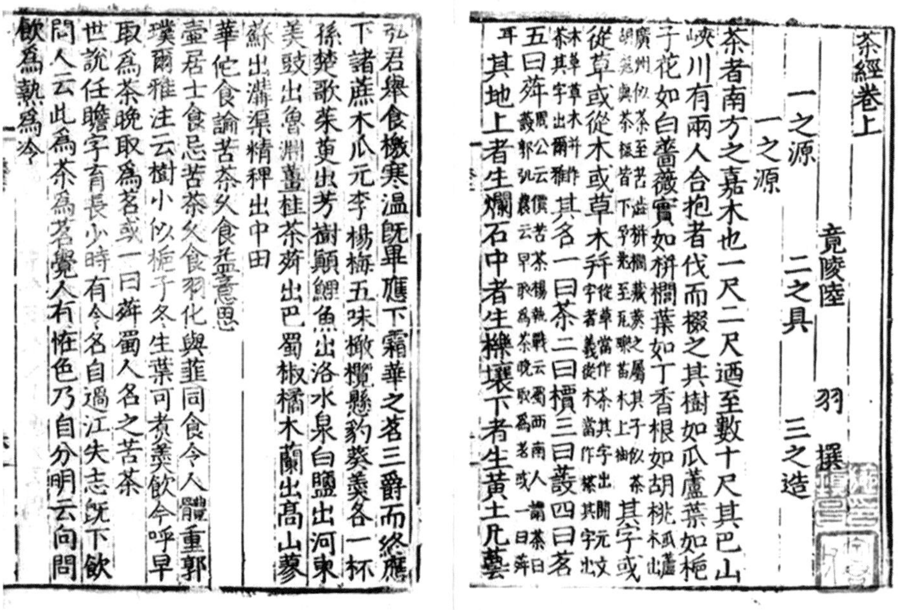

茶經卷上
竟陵陸羽撰
一之源 二之具 三之造
一之源
茶者南方之嘉木也一尺二尺迺至數十尺其巴山峽川有兩人合抱者伐而掇之其樹如瓜蘆葉如梔子花如白薔薇實如栟櫚葉如丁香根如胡桃（瓜蘆木出廣州似茶至苦澀栟櫚蒲葵之屬其子似茶胡桃與茶根皆下孕兆至瓦礫苗木上抽）其字或從草或從木或草木并（從草當作茶其字出開元文字音義從木當作𣘻其字出本草草木并作荼其字出爾雅）其名一曰茶二曰檟三曰蔎四曰茗五曰荈（周公云檟苦荼楊執戟云蜀西南人謂茶曰蔎郭弘農云早取為茶晚取為茗或一曰荈耳）其地上者生爛石中者生櫟壤下者生黃土凡藝

弘君舉食檄寒溫既畢應下霜華之茗三爵而終應下諸蔗木瓜元李楊梅五味橄欖懸豹葵羹各一杯
孫楚歌茱萸出芳樹顛鯉魚出洛水泉白鹽出河東美豉出魯淵薑桂茶荈出巴蜀椒橘木蘭出高山蓼蘇出溝渠精稗出中田
華佗食論苦茶久食益意思
壺居士食忌苦茶久食羽化與韭同食令人體重
郭璞爾雅注云樹小似梔子冬生葉可煮羹飲今呼早取為茶晚取為茗或一曰荈蜀人名之苦茶
世說任瞻字育長少時有令名自過江失志既下飲問人云此為茶為茗覺人有怪色乃自分明云向問飲為熱為冷

图 8-38 《茶经》

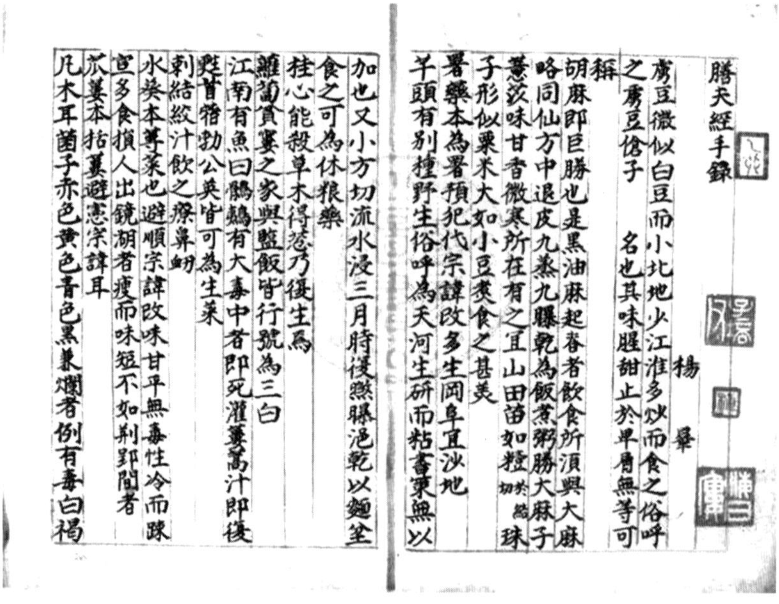

膳夫經手錄
楊曄
虜豆微似白豆而小北地少江淮多炒而食之俗呼之虜豆偺子名也其味腥甜止於單嚼無等可稱
胡麻即巨勝也是黑油麻起春者飲食所須與大麻略同仙方中退皮九蒸九曝乾為飯煮粥勝大麻子
薏苡味甘香微寒所在有之宜山田苗如粳（於切）珠子形似粟米大如小豆煮食之甚美
薯蕷本為署預犯代宗諱改多生岡阜宜沙地
芋頭有別種野生俗呼為天河生研而粘書策無以加也又小方切流水浸三月時復曝浥乾以麵坌食之可為休糧藥
桂心能殺草木得葱乃復生焉
雍菌貧窶之家與鹽飯皆行號為三白
江南有魚曰鯸鮐有大毒中者即死灌蘆蒿汁即復甦曾稽勘公美皆可為生菜
剃結絞汁飲之療鼻衄
水葵本蒪菜也避順宗諱改味甘平無毒性冷而踈宜多食損人出鏡湖者瘦而味短不如荊郢間者
爪薑本拈薑避憲宗諱耳
凡木耳菌子赤色黃色青色黑色爛者例有毒白褐

图 8-39 《膳夫经手录》

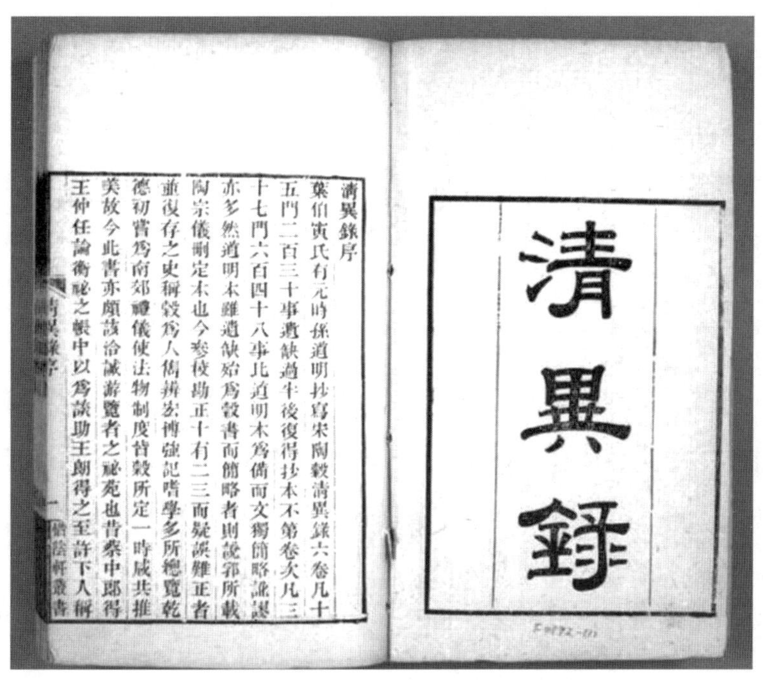

清異錄序

葉伯寅氏有元時孫道明抄寫宋陶穀清異錄六卷凡十五門二百三十事遺缺過半後復得抄本不第卷次凡三十七門六百四十八事此道明本爲備而文獨簡略譌謬亦多然道明本雖遺缺殆爲穀書而簡略者則説郛所載陶宗儀刪定本也今參校勘正十有二三而疑誤難正者並復存之史稱穀爲人雋辨宏博強記嗜學多所總覽乾德初嘗爲南郊禮儀使法物制度皆穀所定一時咸共推美故今此書亦頗該洽誠游覽者之祕苑也昔蔡中郎得王仲任論衡祕之帳中以爲談助王朗得之至許下人稱

清異錄序 一 惜陰軒叢書

清異錄

图 8-40 《清异录》

第七节 走向成熟的中国烹饪体系

中国烹饪体系在隋、唐、五代时期逐步走向成熟。这个逐步成熟的过程是在国家统一、社会安定、经济繁荣、消费升级的背景下，在交通、商业、原料供应等各方面的条件保障下，在统治阶层的追求下进行的。主要表现是：专业门类，分化、细化、渐趋行业化。各个技术工种走向定型，技法、工艺、拓展、提升，整个体系在技术的层面上由此呈现出新的变化。

一、专业门类的发展、变化

在中国烹饪的各专业门类中，为宫廷和官府服务的官厨系列代表着烹饪技术的水平与高度，引领着烹饪技术的发展。酿酒和其他原材料加工专业细化和行业化，社会饮食业的业态完备，地位上升，并逐步成为服务社会、城市生活的主要行业。

1. 官厨

隋、唐的官厨是一脉相承的。首先是宫廷。隋开皇初年，尚食局属于门下省，尚食定员二人，设有食医四人，唐隶属于殿中省，尚食二人，食医八人。《唐六典》[①] 载：内官设尚食局。内有尚食二人，正五品。司膳四人，正六品。奥膳四人，正七品。掌膳四人，正八品。司酝二人，正六品。典酝二人，正七品。掌酝二人，正八品。司药二人，正六品。典药二人，正七品。掌药二人，正八品。司饎二人，正六品。典饎二人，正七品。掌饎二人，正八品。尚食掌饔供膳馐品齐之数。总司膳、司酝、司药、司饎四司之官属。凡进食先尝之，司膳掌宰割煎和之事。司酝掌酒醴醨饮之事。司馆掌给宫人廪饩药炭之事。著有《淮南王食经》《食经》[②] 的谢讽，就曾任隋炀帝的尚食直长。宫廷之外，官员府邸各有家厨。《清异录》载："段文昌丞相，尤精馔事。第中庖所榜曰'炼珍堂'。在涂号'行珍馆'。家有老婢掌之，以修变之法指授女仆。老婢名膳祖。四十年阅百婢，独九者可嗣法。文昌自编《食经》五十卷，时称《邹平公食宪章》。"又如郇国公韦陟，唐冯贽《云仙杂记》卷三："韦陟厨中，饮食之香错杂，人入其中，多饱饫而归。语曰：'人欲不饭筋骨舒，夤缘须入郇公厨。'"再如韦巨源，唐中宗时"迁尚书左仆射"，家厨设"烧尾宴"其精美不输宫廷。另据《酉阳杂俎》载：长安"衣冠家名食"，有韩约家的"脍醴

---

① 〔唐〕李林甫．唐六典［M］．陈仲夫，校．北京：中华书局，1992-01.

② 〔北魏〕崔浩．食经［M］．北京：中国纺织出版社，2006.

鱼”，曲良愉家的“驴骏驼峰炙”等，风味均很独特。故杜甫《丽人行》诗云：“紫驼之峰出翠釜，水精之盘行素鳞。犀箸厌饫久未下，銮刀缕切空纷纶。黄门飞鞚不动尘，御厨络绎送八珍。”对驼峰肥美、纷纶鱼脍的描绘是准确的。

2. 酿酒业

隋、唐、五代时期，酒的酿造分为官酿、坊酿和家酿三个部分。但家酿绝大多数是自用，故不能列入行业范畴。而官酿中官府酿酒有市售的成分，可视作酿酒业的组成部分。

官酿是由宫廷或各级官府的酿酒机构酿酒。隋代有宫廷佳酿“玉薤酒”向为后世称道。唐至五代，朝廷专门设置了酿酝机构，《旧唐书·职官志》载：“光禄寺掌邦国酒醴膳羞之事。”[①] 御用酒的品种很多，比较著名的有春暴、秋清、酴醾、桑落等。官酿作坊的盈利是政府的主要收入，两京和地方州县均有自己的作坊。所谓坊酿包括酒坊和部分酒肆。酒坊仅做酒的生产和销售。而部分酒肆则是自酿酒并提供佐酒和消费服务，也是社会饮食业的组成部分，许多酒坊已经成为饮食业的代表性企业。如杜牧《清明》诗云：“借问酒家何处有，牧童遥指杏花村。”[②]

这个时期的酿造酒分为谷物酒（清酒、浊酒）、果酒和配制酒三大类型，其中谷物酒的产量最多，饮用范围也最广。浊酒的特点是酿造时间短，成熟期快。浊酒的汁液浑浊，米渣漂浮，泛泛如蚁。唐人咏及浊酒，多有“蚁”字。“绿蚁新醅酒，红泥小火炉。”[③]（白居易《问刘十九》）“香醅浅酌浮如蚁。”[④]（白居易《花酒》）“无非绿蚁满杯浮。”[⑤]（翁绶《酒》）清酒酿造工艺稍为复杂，产量也较低。

果酒除葡萄酒外，还有甘蔗酒、三勒酒、槟榔酒、龙膏酒、椰花酒等果

① 〔后晋〕刘昫等. 旧唐书［M］. 北京：中华书局，1975-05.
② 〔清〕彭定求. 全唐诗（全二十五册）［M］. 北京：中华书局，2003-07.
③ 王步高. 唐诗三百首汇评（修订本）·卷七［M］. 南京：凤凰出版社，2017-4.
④ 〔唐〕白居易. 白居易诗集校注·卷第二十五［M］. 北京：中华书局，2006-7.
⑤ 〔清〕彭定求等. 全唐诗·卷六百［M］. 北京：中华书局，1960-4.

酒。配制酒大多以米酒为酒基，加入动植物药材或香料，采用浸泡、掺兑、蒸煮等方法加工而成的。配制酒分药酒和节令酒两大类。

唐人王焘《外台秘要》、孙思邈《千金翼方》[①] 中记载有：松醪酒、独活酒、牛膝酒、茵芋酒、大金牙酒、马灌酒、芜清酒、蛮夷酒、鲁公酒、附子酒、紫石酒、丹参酒、杜仲酒、菊花酒、麻子酒、地黄酒、天门冬酒、钟乳酒、术酒、枸杞酒、苍耳酒、五加皮酒等40种以上。

节令酒有端午艾酒、菖蒲酒，重阳茱萸酒、菊花酒，元旦屠苏酒。

3. 磨坊

磨坊是粮食加工企业。一是脱粒，即将稻、麦、粟去壳，供粒食之用；二是将脱壳的粮食，主要是麦类，磨粉，供面食之用。隋、唐、五代面食普及，对面粉的需求量极大，面粉加工有利可图，于是，一批面粉加工作坊即磨坊便应运而生。其中既有私营，也有官营的。武则天之女太平公主，经营磨坊谋利，曾“与僧寺争碾硙”[②]。高力士“资产殷厚，非王侯能拟”，也于“于京城西北，截沣水作碾，并转五轮，日辗麦三百斛”[③]，京师长安郑国渠和白渠两岸，“豪家贵戚壅隔上流，置私碾百余所，以收末利。农夫所得十夺六七。”[④]

---

① 〔唐〕孙思邈．千金方：千金翼方［M］．北京：中华书局，2016.

② 〔后晋〕刘昫等．旧唐书·卷九十八［M］．北京：中华书局，1975-05.

③ 〔后晋〕刘昫等．旧唐书·卷一八四·高力士传［M］．北京：中华书局，1975-05.

④ 〔北宋〕王钦若等．册府元龟·卷四九七·邦计部 河渠二［M］．北京：中华书局，2012-03.

图 8-41　水磨坊图

4. 油坊

隋、唐、五代时期常用的植物油脂包括大麻油、荏油、蔓菁籽油、芝麻油、核桃油等。油坊的加工方法有两种。一是压油。《四时纂要·四月》载："压油：此月收蔓菁子，压年支油。"① 二是榨油。榨油的油榨是将四个木头叠成方柱形，嵌在用厚板做的底盘上，上面凿出槽，盘上凿圆沟，并与槽口相通，以使油流入容器中。榨油的流程是：先通过炒、蒸之法，将菜籽做成饼状，放入槽内，通过击打长楔榨出油脂。油榨有卧槽和立槽两种，卧槽是从上面击楔以榨出芝麻油的，立槽是从侧面击楔以榨出芝麻油的。

① 〔唐〕韩鄂．四时纂要校释［M］．北京：农业出版社，1981.

图 8-42 压榨取油法

图 8-43 唐代的油榨复原图

5. 豆腐坊

隋、唐、五代时期，豆腐已经面市、普及。但豆腐的制作工艺流程非家庭可为。故豆腐作坊的存在也是客观事实。惜无相关记载。只有《清异录·官志》载："时戢为青阳丞，洁已勤民，肉味不给，日市豆腐数个。邑人呼豆腐为'小宰羊'。"① 这说明皖南青阳城内每天有豆腐供应，且是按个计量。味道甚好，有羊肉之美，故称"小宰羊"。可以推断，青阳城内有豆腐作坊，长安、洛阳两京和各商业都会也会有豆腐作坊的存在和豆腐的应市。

6. 酱腌业

酱、醋（醯）菹、醢、糟、豉等调味料和腌制品广受欢迎。特别是酱、醋在烹饪、调味中的作用尤被看重。"酱，八珍主人，醋，食总管也。反是为，恶酱为厨司大耗，恶醋为小耗。"（《清异录·八珍主人》）如此评价说明酱醋被广泛使用，而生产和供应此类调料的作坊应该有相当大的规模。宫廷自有部门加工、制造。社会饮食业的需求自然是由酱腌业负责供应。

7. 屠宰业

屠宰行业主要面对的是社会的需求。这个时期是整个社会对肉类需求的历史高点。宫廷、官府之外，社会饮食业供应的品种中，羊肉、猪肉的比例大大提高，牛、鹿、驴也都有应市。不论是酒肆，还是食店，无不供应肉类制品，羹、臛、炙、脯腊均是以肉类为主料。农村尚可自行宰杀或由专业人士流动完成，城市的供应则必须依靠屠户、屠肆提供。可以说，隋、唐、五代时期的养殖业和屠宰业是能够保证社会饮食业的肉类原料供应的。

8. 社会饮食业

隋、唐、五代时期，大量的人员流动、频繁的商业活动与社会交往、城市的扩张和国家、地域中心的形成，构成了社会饮食业的刚性需求。在这个需求之下，得益于上游及相关行业、专业的发展、完善，中国烹饪专业门类中社会

---

① 〔宋〕陶谷．清异录·王氏谈录（全2册）（丛书集成初编）［M］．北京：中华书局，1991.

饮食业的地位得到空前提高，饮子店、茶肆、酒肆、食肆、食店、酒楼、饭店等各个业态得以出现，为社会各阶层提供了全方位的产品与服务。

二、专业分工与进步

专业分工即各工种的稳定、固定是各个专业领域能否提升、进步的关键。这个时期中国烹饪各专业门类中的主要或者说是核心工种都基本定型，而且业务能力、水平有相当的进步和优秀的表现。

1. 膳夫（尚食直长）

隋、唐宫廷设尚食局，故膳夫一职称尚食直长。其分工是技术、菜品总管。官邸中和社会饮食业的各类企业中，此职位如何称呼尚未见记载。这个时期，谢讽是隋炀帝的尚食直长，著有《食经》传世。其中的53个品种包含羹、脍、炙、饼、饭、臛、鲊、糕等各类肴馔，有极高的技术水平。韦巨源家厨的烧尾宴主理不知何人，但水平不在谢讽之下。其生进二十四气馄饨、素蒸音声部都属上等佳作。段文昌家中老婢，名膻祖，主理炼珍堂四十年。段文昌的《邹平公食宪章》当有其法。另以郇公厨闻名的主厨，尚不知为何人。

2. 食医

食医属官厨系列，隋、唐宫中均有设置，人数不等。食医的存在对保证膳食配伍、安全和相关疾病的预防，对中国烹饪的理论建设发挥着重要的作用。“天子食饮，必顺四时。”① 宫廷膳食中的各类饮子、饮料的组方，毫无疑问是食医完成的，这是对伊尹《汤液经》② 的继承，也是后世俗称“汤药”的渊薮之一。至于“中使炮烹、皆承圣法、不资椒桂之力，备适盐梅之味”③ 的坚持，也应该是在食医的指导下完成的。

---

① 〔唐〕杜佑．通典·卷第一百四十二［M］．北京：中华书局，1988-12.

② 陈居伟．汤液经钩考［M］．郭玉晶，校．北京：学苑出版社，2012-08.

③ 〔清〕董诰等．全唐文·卷三百三十三［M］．北京：中华书局，1983-11.

3. 庖人

这个时期，专司宰杀的工种仍在官厨系列内存在。宫廷和政府有羊、鹿的养殖，各地贡品中甚至有活熊的供奉，韦巨源烧尾宴中的五牲盘除羊、猪、牛外，就是鹿和雄，故庖人提前和现场的宰杀都是必然的，对其专业能力也是有极高要求的。

4. 司灶

这个时期，临灶技法的工艺流程更为繁复，菜肴的技术标准升高。《食经》《烧尾宴食单》中的品种都能说明。司灶者对火候、调味的认识深化。官厨有“每说物无不堪食，唯在火候，善均五味”[①] 的提法，便是例子。社会饮食业中司灶者的劳动强度、工作效率也在提升。“两市日有礼席，举铛釜而取之，故三五百人之馔，常可立办也”[②] 是前代所没有的情况。

5. 案俎（红案）

案俎工种的专业性更强。从官厨的菜肴来看，大多是组方完成，原料分主料、配料、调料。如通花软牛肠、乳酿鱼、暖寒花酿驴蒸等，均需在物性、刀口、调味上具备相当的专业技能，要能做到物性相和、形状、荤素、色彩搭配合理。花式拼盘也已出现。吴越的玲珑牡丹鲊、尼姑的辋川小样都是例子。刀法精进，仅鱼脍之法便有小晃白、大晃白、舞梨花、柳叶缕、对翻蛺蝶、千丈线等名。也能把羊肚切出尺长的细丝来。

6. 食雕（面塑）

在官厨系列中可能已单列工种。此类技能是案俎和面案技术的深化和细分。战国已有雕卵《管子·侈靡》：“雕卵然后瀹之”[③]，辋川小样的二十景中必然有食雕成分，烧尾宴的素蒸音声部、五代郭进家的莲花饼馅都是面塑制品。

---

① 〔宋〕李昉等．太平广记·卷第二百三十四［M］．北京：中华书局，1961-09.

② 〔清〕徐松．增订唐两京城坊考·卷之三［M］．西安：三秦出版社，2006-08.

③ 陈鼓应．管子四篇诠释［M］．北京：商务印书馆，2016.

7. 面案（白案）

这个时期面案工种的专业领域达到了很大的范围。其产品包括饼类的汤饼、蒸饼、胡饼、馎饦、夹饼、酥饼、寒具和饭、粥、糕、毕罗、捶子等。《卢氏杂说》载：尚食局有造捶子手，是官厨面案分工的细化。五代汴京的花糕员外和每节专卖一物的张手美，都是面案工种的代表人物。

8. 酱卤

负责菹、齑、醢、脯腊、乳酪及各类卤制品和香辛调味料的制作。

9. 当垆（姬、伎）

当垆的职能发生变化。小型酒肆只是售卖，酒家中当垆的女性开始承担餐前、餐中的压桌、上菜、斟酒等侍酒、侍筵的服务。不仅是胡姬，其他酒家也称姬。如李白诗云："吴姬压酒劝客尝。"酒伎或歌舞伎主要是歌舞服务。但小型的酒家无固定的专业人士。

图 8-44　新疆出土唐代面食制作陶俑

10. 店子

食店负责服务的人员。据记载，店子亦承担外联的工作。

11. 保庸

酒肆、酒家等社会饮食业负责杂役、帮厨工作的工种。这个时期未见有新的工种名称。前代的洒削工种所负责的刀具磨砺、保养工作大概由保庸承担了，但未见记载。

三、工艺水平提升和技法拓展

隋、唐、五代时期，中国烹饪的工艺水平显著提升，诸多技法突破了原有的框架与窠臼，涌现出许多优秀的菜品。究其原因，在统治者对珍馐美馔的追求、社会中高阶层商务和社会交往的饮食需要、消费群体综合审美水准提高的前提下，在各类原料汇聚的保障和市场竞争的压力下，烹饪加工设施、设备和烹饪工具的进步，是主要原因。

在炉灶方面，以现有出土的陶灶、瓷灶来看，有小灶面和阶梯大挡火墙的，有后端略翘起、火门上有低矮的阶梯式挡火墙的，有单、双灶眼和多灶眼的。燃料方面，除木材、木炭、合成碳外，煤炭已开始用于烹饪。《隋书·王劭传》载："今温酒及炙肉，用石炭、柴火、竹火、草火、麻荄火，气味各不同。"① 唐文宗开成三年（公元838年），日本僧人圆仁法师赴长安途中，曾经目睹太原西山"遍山有石炭，远近诸州人尽来取烧。料理饭食，极有火势"②（《入唐求法巡礼行记》）的情景。京师长安，也有使用煤炭的记载。如唐人李峤诗云"长安分石炭，上党结松心"③ 便是一证。其他商业都会亦有使用。1975年考古工作者在扬州城内一个唐代遗址的灶膛中，发现了一定数量的煤渣，证实了煤炭在居民生活和手工业生产中的应用。

---

① 〔唐〕魏征．隋书（全六册）［M］．北京：中华书局，1973.

② 〔日〕圆仁．入唐求法巡礼行记校注·卷三［M］．北京：中华书局，2019-10.

③ 〔清〕彭定求等．全唐诗·卷五十九［M］．北京：中华书局，1960-4.

铁制炊具普及，生铁釜、三足铁锅的使用更加广泛。镬、鏊、釜基本定型为：圆心浅腹、薄壁、球面、有耳，此造型搁放平稳，与灶眼结合较好，敞口、浅腹便于投料、出锅，壁薄和球面底，受热均匀，能充分利用火力，也便于翻炒。有耳，易于把握提放。铛则为平底。多层蒸笼出现，取代了鬲甑组合的甗，为蒸制菜品提高了效率。其材质由青铜变为木制。韦庄《赠渔翁》中有“芦刀夜鲙红鳞腻，木甑朝蒸紫芋香”[①]之说，木甑便是木蒸笼。隋代的铜爨则演变成为暖锅，是后世火锅的滥觞。在引火方面，发明了火寸。据《云仙杂记》载：“夜中有急，苦于作灯火之缓，有智者批杉条，染硫黄，置之待用，一与火遇，得焰穗然，既神之，呼引火奴。今逐有货者，易名火寸。”[②] 这方便了烹饪用火。

图 8-45　唐代青瓷灶

① 〔清〕彭定求等．全唐诗·卷六百九十七［M］．北京：中华书局，1960-4.
② 徐珂．清稗类钞·第一二册目录［M］．北京：中华书局，2010-1.

图 8-46 唐代陶灶

图 8-47 唐代暖锅

图 8-48　唐代蒸笼图

图 8-49　唐渤海国生铁釜、三足铁釜

图 8-50　五代越窑青瓷双耳釜

刀具的进步是刀工技艺进步的基础，各种刀法均需依靠优良的刀具。隋、唐时期的锻造技术发展很快，工匠可以对刀片进行保养，包钢，并混合成比较有硬度的合金，作为武器的唐横刀刀身不再是宽而长，略带一点弯度，而是狭长笔直，其破甲程度以及耐用程度，有了显著的提升。但作为烹饪使用的刀具，是必须能够完成劈、斩、剁、切、片等多种动作需要，对刀材的硬度、刀背的厚度、刀身的长度、宽度都有要求和限制。特别是鱼脍的制作，当时的厨师能将鱼肉薄片透明，细切如丝，纷纷纶纶、落纸不湿，手中肯定要有一把好刀。然而我们只知有卢刀、鸾刀、霜刀的称呼和赞誉，却不见刀图传世，至今也未有实物出土。令人遗憾。

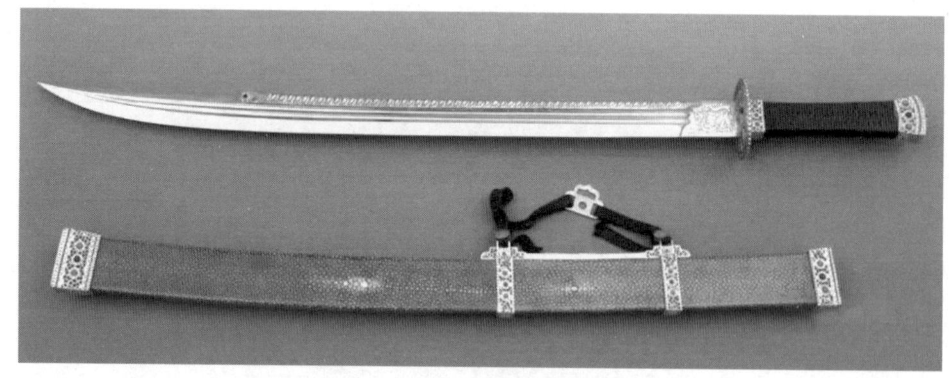

图 8-51　复制唐横刀图

在各方面条件的作用下，中国烹饪的工艺水平提升，许多制品达到极高的质量水准。《清异录》中关于建康七妙的记载就是代表。“齑可照面、馄饨汤可注砚、饼可映字、饭可打擦擦台、湿面可穿结带、醋可作劝盏、寒具嚼着惊动十里人”这七妙中，除醋的口感香醇，可以饮用，属酿造技术之外，其他六妙都妙在厨师的手段。其中齑碎切平整，有铜镜之功。馄饨汤清而醇厚，用于研墨，有发墨之效。饼之薄能透饼下之字。蒸饭的米粒光滑柔润，擦台面时不粘台面。揉好的面团筋柔，可做带子使用。寒具酥脆，嚼之有声。这些均说明当时金陵官厨的刀工、制汤、和面、擀制、蒸、炸技术相当高明，令人赞叹。金陵如此，两京官厨和各商业都会的饮食业亦有亮点。这个时期主要的烹饪技法和代表性品种具体如下。

1. 蒸

蒸汽成熟法仍旧是植物类原料、动物类原料的主要成熟法。这个时期，仍有生料蒸、熟料蒸、散蒸和容器盛装蒸。蒸饭类，以粟米饭（黄粱饭）即小米饭、黍米饭为代表，杜甫诗云：“夜雨翦春韭、新炊间黄粱。”[①] “故人具鸡

① 〔清〕黄生．杜诗说·卷一［M］．合肥：安徽大学出版社，2009-8.

黍，邀我至田家"[①] 便是此两饭。加胡麻的蒸饭亦受欢迎。王维诗云："御羹和石髓，香饭进胡麻。"[②] 宫廷、官厨以御黄王母饭、清风饭、越国公碎金饭为名品。其中御黄王母饭，用粳米蒸制，以"遍镂卵脂盖饭面，装杂味"。即上浇油脂和配菜，有周代八珍"淳熬"遗意。清风饭是糯米蒸制，配龙睛粉、冰片末、酪浆调和后入冰池冷却后食用。越国公碎金饭是粳米、黍米混蒸。蒸制面食类以素蒸音声部、玉尖面、绿荷包子为代表。所谓素蒸是不包馅心。玉尖面是用熊肉、鹿肉做馅心的馒头。绿荷包子为素馅，其中包子的名称是在后周的汴京首次出现。蒸糕类有水晶龙凤糕、花折鹅糕、满天星。水晶糕是糯米粉蒸，鹅糕是米和鹅肉混蒸，满天星是黄米蒸。毕罗也应是蒸制的糕类，有咸有甜，有荤有素，如天花毕罗、蟹黄毕罗及可配大蒜食用的毕罗，蒸制成型后体积较大，故可论斤两切块售卖。

蒸制菜肴有过厅羊、露浆山子羊蒸、暗装笼味，后两者是谢讽《食经》中的品种。过厅羊是蒸羊。据《云仙杂记》载："每会客，至酒半，阶前旋杀羊，令众客自割，随所好者，彩锦系之，记号毕，蒸之，各自认取，以刚竹刀切食，一时盛行，号'过厅羊'。"[③] 露浆蒸即非干蒸。暗装蒸是带器皿笼蒸。《食医心鉴》中有蒸驴头、蒸乌驴皮、蒸羊头肉等食疗菜肴的记载，说明蒸的方法是被各专业领域都熟练使用的技法。

2. 煮

煮作为水熟法，应用极广。因用时不同，火候不同，变化、拓展也多。煨、熬、炖、炰、脂、瀹、濡均属煮的系列。卤实际是卤煮，是以配置后的卤水、卤汤煮制。唐人诗中长吟咏的"金鼎烹羊"中的烹，其实也是煮。植物类原料的煮主要是粥和汤饼、馄饨，动物性原料多以煮作羹、臛与卤制品。这个时期的粥品种很多，如麦粥、粟粥、胡麻粥、乳粥、豆沙加糖粥、粉粥、豆

---

① 〔唐〕孟浩然．孟浩然诗集校注·卷第四［M］．北京：中华书局，2018-6.
② 〔清〕彭定求等．全唐诗·卷一百二十七［M］．北京：中华书局，1960-4.
③ 〔唐〕冯贽．云仙杂记［M］．北京：商务印书馆，1941.

粥、梨粥、白粥、饧粥、乳粟豆粥等。其中饧粥是加有杏酪和饧的甜粥。李商隐《评事翁寄赐饧粥走笔为客》诗云：“粥香饧白杏花天，省对流莺坐绮筵。”[①] 乳粟豆粥是将乳、粟、豆三种粥合一食用。但粥非饭的稀释，多数粥是以谷物颗粒直接煮制而成。以米粉、面粉所制之粥，后世均不入粥的系列。

汤饼，是水煮面条或面片的统称。这个时期的馎饦（不托）、鸭花汤饼、槐叶冷淘较有名声。《膳夫经手录》载：“馎饦有薄展而细粟者，有带而长者，有方而叶者，有厚而切者。”《资暇集》卷下解释：“至如不托，言旧未有刀机之时，皆掌托烹之，刀机既有，乃云不托。”[②] 唐代有伏日、生日吃汤饼的习俗。《新唐书》卷七六《王皇后传》中有为玄宗作“生日汤饼”的记载。《食医心鉴》中有姜汁索饼、羊肉索饼、黄雌鸡索饼、榆白皮索饼等汤饼之方，各有效用。冷淘虽属汤饼类，但其实是浸过冷水的凉面，槐叶冷淘、菊花冷淘是取槐叶、菊花之汁液和面、成条，煮熟后再浸冷水使凉，并配香菜、茵陈等时蔬食用，乃消暑之物。

馄饨是面皮包馅煮制。《烧尾宴食单》中有“生进二十四气馄饨”，即“花形馅料各异，凡二十四种”。《酉阳杂俎》载：“今衣冠家名食有萧家饨馄，漉去汤肥，可以瀹茗。”汤清可以煮茶，与建康七妙的馄饨汤可注砚有异曲同工之妙。

羹多为动物性原料或动物性、植物性原料混合煮制。臛是纯肉、鱼之羹，二者有浓淡之别，臛较为黏稠，可在凝固状态下冷食。唐人重羹，《唐书·艺文传》[③] 载，唐玄宗曾亲自为李白调羹，以表赏识。王建《新嫁娘》诗云：“三日入厨下，洗手作羹汤。未谙姑食性，先遣小姑尝。”这个时期的羹、臛名品甚多，有道场羹、不乃羹、驼蹄羹、十遂羹、学士羹、细供没忽羊羹、剪云析鱼羹、折箸羹、冷蟾儿羹、金丸玉菜臛鳖、十二香点臛、白龙臛等。其中折

---

① 〔唐〕李商隐．李商隐诗歌集解·编年诗［M］．北京：中华书局，2004-11.

② 〔唐〕苏鹗等．资暇集．苏氏演义．中华古今注［M］．北京：商务印书馆．1939.

③ 〔宋〕欧阳修，宋祁．新唐书［M］．北京：中华书局，1975.

箸羹是言羹之浓可折断筷子。冷蟾儿羹是蛤蜊制成。道场羹是佛教僧徒常食的一种菜羹。《清异录》卷下记载："江南仰山善作道场羹，脯、面、蔬、笋，非一物也。"仰山，即唐高僧慧寂。不乃羹是唐代岭南地区流行的羹品，用多种肉类杂煮而成。《岭表录异》卷上载："交趾之人重不乃羹，羹以羊、鹿、鸡、猪肉和骨同一釜煮之，令极肥浓，漉去肉，进葱姜，调以五味，储以盆器，置之盘中。"十遂羹是用十样主料煮制。《清异录》卷下载："石耳、石发、石线、海紫菜、鹿角脂菜、天花蕈、沙鱼、海鳔白、石决明、虾魁腊。右用鸡、羊、鹑汁，及决明、虾、蕈浸渍，自然水澄清，与三汁相和，盐、酎庄严，多汁为良。十品不足听阙，忌入别物，恐伧类杂，则风韵去矣。"驼蹄羹用骆驼蹄掌制作。驼蹄肉质发达，丰腴肥美。据《异物汇苑》云，驼蹄羹原为两晋时陈思王所创，"瓯值千金，号为七宝羹"。隋、唐沿袭，多为贵族享用，杜甫《自京赴奉先县咏怀五百字》有"劝客驼蹄羹，霜橙压香桔[①]"之句。学士羹出自五代窦俨家中。窦俨，字望之，后晋天福年间中进士，《清异录》载，他曾患眼疾，几乎失明。有良医劝其经常食用羊眼，不久痊愈。自此窦俨终身服食羊眼。家中称为"双晕羹"。外人呼为学士羹。剪云析鱼羹是鱼肉拆分而成，应该是很漂亮的。金丸玉菜鳖臛是以鳖为主料搭配多种原料煮成。白龙臛是鳜鱼煮制。十二香点臛疑为多种香料配制的羊肉臛。

《食医心鉴》载有羊肺羹、猪心羹、甘露羹等多种食疗之羹，和炰鹿蹄、炰苍耳菜、炰牛蒡叶、炰木桂花等煮制的食疗菜肴。

3. 炙

炙为火熟法。其特点是非明火，而是以炭火的辐射热完成。但那时亦常将明火烤的菜肴也称作炙。如《隋书·王劭传》记载："今温酒及炙肉，用石炭、柴火、竹火、草火、麻荄火，气味各不同。"[②] 就是如此。同时，所谓脍炙人口，炙又成为与脍并列的美食泛称。如《清异录》卷下记载："段成式驰

① 〔清〕彭定求等．全唐诗·卷二百十六［M］．北京：中华书局，1960-4.

② 〔唐〕魏征．隋书（全六册）［M］．北京：中华书局．1973. 08.

猎，饥甚，叩村家。主人老姥出彘臛，五味不具。成式食之，有余五鼎。曰：'老姥初不加意，而殊美如此。'常令庖人具此品，因呼'无心炙'。"这个"炙"就是煮后凝固的猪臛，与炙无关。而且，斯时许多炙品是炙烤之后冷食，非即食之肴。但汉代便有着炭火的小型炙炉，能在席间使用，故即食之炙是存在的。

这个时期，见于记载的炙菜有：灵消炙、天脔炙、蛤蜊炙、驼峰炙、鹅鸭炙、浑炙犁牛、升平炙、龙须炙、金装大量黄艾炙、干炙满天星，金铃炙、光明虾炙、生虾炙等。其中灵消炙为炙干之羊肉，为旅途之用。苏鹗的《杜阳杂编》记载："（唐）咸通九年（公元868年），同昌公主出降。上每赐御馔汤物，而道路之使相属。其馔有灵消炙，一羊之肉，取之四两，虽经暑毒，终不见败。"[①] 天脔炙、蛤蜊炙均是炙干之物，也是沿海诸地的贡品。驼峰炙、浑炙犁牛是即食之肴，杜甫诗云："紫驼之峰出翠釜。"[②] 驼峰是当时名品，鉴于有大量驼队经商来往，原料来源是没有问题的。浑炙是整体炙烤之意。鹅鸭炙应该是常食，但《太平广记》[③] 引张鷟《朝野佥载》所记述的，用大铁笼，将鹅鸭入其内，置放炭火和调味汁水，使其烘烤之下，不得不饮而入味，最后羽毛落尽而熟，是不可能的，乃杜撰而已。没有禽类能在高温条件下煎熬至羽毛落尽，均需人工为之。

升平炙、光明虾炙、生虾炙是用羊舌、鹿舌、虾仁、整虾穿串用在炙炉上燔炙，是标准的炙菜。龙须炙、金装大量黄艾炙、干炙满天星，金铃炙等所炙为何物，尚无考证。《食医心鉴》记载的有食疗效果的炙品有：野猪肉炙、鳗鲡鱼炙、鸳鸯炙、炙黄雌鸡等，但其中如鳗鲡鱼炙、鸳鸯炙是炙后再加调料拌食。

---

① 〔唐〕苏鹗．杜阳杂编［M］．北京：中华书局，1985.
② 〔清〕浦起龙．读杜心解·卷二［M］．北京：中华书局，1961-10.
③ 〔宋〕李昉．太平广记（全十册）［M］．北京：中华书局，2003.

4. 烤

这个时期的烤，主要为明火的炉烤，炉底燃烧，炉周或贴或挂。烤炉的样式、材质未见记载和文物的出土。但应类似现今的缸炉或馕坑，此类缸炉可用砖砌，亦可用黏土成型，然后用木材烧烤凝结，不论砖砌或烧结，当时各方面的条件都是具备的。燃料主要为木柴，也有烧煤的可能。烤制的品种多为面食制品，可以烤肉、禽之类，但尚未见记载。

胡饼是最知名的烤饼，因饼面着胡麻，故又称胡麻饼。白居易的《寄胡饼与杨万州》诗云："胡麻饼样学京都，面脆油香新出炉。寄与饥馋杨大使，尝看得似辅兴无。"① 长安辅兴坊的胡饼是胡麻（芝麻）敷面，别处亦有它法。《唐语林》卷六载："时豪家食次，起羊肉一斤，层布于巨胡饼，隔中以椒、豉，润以酥，入炉迫之，候肉半熟食之，呼为'古楼子'。"② 此为羊肉油酥饼。1969 年在新疆吐鲁番阿斯塔那唐代墓葬中曾出土一枚直径 19.5 厘米的面食，应是当时的巨胡饼，今日的馕。胡饼之外，那时还有许多知名烤饼，如红绫饼餤、乳饼、烧饼、糖脆饼、曼陀样夹饼、贵妃红等。红绫饼餤是以红绫束之，故名。据《避暑录话》记载：是唐昭宗以红绫束饼、赏赐新科进士。其中卢延让入蜀为学士，被人轻看，于是有诗云："莫欺零落残牙齿，曾食红绫饼餤来。"③ 乳饼是以为乳酪为配料，《唐摭言》卷十五记载："韦澳、孙宏，大中时同在翰林，……（懿宗）赐银饼餤，食之甚美，……皆乳酪、膏腴所制也。"④ 烧饼之名唐代首次出现，所谓烧是火烤之意，类似胡饼。《太平广记》卷二八六引《河东记》所载，汴州西板桥店主三娘子用荞麦"作烧饼数枚"，给住客当作早餐点心。糖脆饼是加糖或糖馅之饼。曼陀样夹饼是形状似曼陀罗果的卵圆形的烤饼，所用之炉，为"公厅炉"，此炉应为能在席上现烤之炉。贵妃红色红味厚，当是外刷蜂蜜，加入酥油烤制的。

---

① ［清］彭定求等．全唐诗·卷四百四十一［M］．北京：中华书局，1960-4.
② ［唐］段成式．酉阳杂俎校笺·续集卷四［M］．北京：中华书局，2015-7.
③ ［清］彭定求等．全唐诗·卷七百十五［M］．北京：中华书局，1960-4.
④ ［唐］裴庭裕．东观奏记·附录三［M］．北京：中华书局，1994-9.

烤饼大小，亦有记载。《太平广记》卷二三四引《北梦琐言》云：“王蜀时，有赵雄武者，众号赵大饼，累典名郡，为一时之富豪。严洁奉身，精于饮馔。……能造大饼，每三斗面擀一枚，大于数间屋。或大内宴聚，或豪家有广筵，多于众宾内献一枚，裁剖用之，皆有余矣。虽亲密懿分，莫知擀造之法，以此得大饼之号。”① 隋末人高瓒也有大饼，据《云仙杂记》卷九所引《朝野佥载》载，其家做饼，“饼阔丈余”。丈余之阔，若以周长论尚能烤制，而“数间屋”之大，恐只是传说而已。

5. 脍

脍主要是刀工技术。成品要细、要薄。《斫脍书》② 载，刀法有：小晃白、大晃白、舞梨花、柳叶缕、对翻蛺蝶、千丈线等名。大都称其运刃之势与所斫细薄之妙也。脍之食，可以调料蘸食、拌食，烧尾宴食单中有丁子香淋脍，是以丁香或丁香油淋而食之。《斫脍书》亦载：“有下豉盐及泼沸之法。务须火齐与均和三味。”鱼脍是脍的主要原料，《膳夫经手录》载：“鲙莫先于鲫鱼，鳊、鲂、鲷、鲈次之，鲚、鮇、黄、竹为下。其他皆强为之尔，不足数也。”这里把鲫列为第一，鲫和鲤同科。亦有以畜、禽类为脍的。韦巨源烧尾宴中的五牲盘就是“羊、豕、牛、熊、鹿并细治”的肉脍。这就是说，它是选用羊、猪、牛、熊、鹿五种动物肉，经细切成脍，再进行拼制的花色冷盘。隋、唐、五代时脍当属美食之首，《清异录》有缕子脍，用鲫鱼肉、鲤鱼子搭配。《食经》中有：飞鸾脍、咄嗟脍、专门脍、拖刀羊皮雅脍、天真羊脍。飞鸾脍是禽肉（也有解释说，飞鸾脍是指鸾刀切，鱼脍飞入盘中，但在实际操作中是不可能的）。咄嗟脍是咄嗟便成，言其快。唐诗咏脍亦多，王维有：“良人玉勒乘骢马，侍女金盘脍鲤鱼。”③ 贺朝有：“玉盘初鲙鲤，金鼎正烹羊。”④ 岑参诗

---

① 〔宋〕李昉等．太平广记·卷第二百三十四［M］．北京：中华书局，1961-9.
② 〔唐〕王维．王维集校注·卷一［M］．北京：中华书局，1997-8.
③ 〔唐〕王维．王维集校注·卷一［M］．北京：中华书局，1997-8.
④ 〔清〕彭定求等．全唐诗·卷一百十七［M］．北京：中华书局，1960-4.

云："鲈鲙剩堪忆，莼羹殊可餐。"① 孟浩然诗云："试垂竹竿钓，果得槎头鳊。美人骋金错，纤手脍红鲜。"② 杜甫诗云："无声细下飞碎雪，有骨已朵觜春葱。"③ "饔子左右挥双刀，脍飞金盘白雪高。"④

6. 煎（爒）

油熟法，少油燔煎为煎。这个时期铛是主要熟制的炊具，平底之铛，颇益煎物，爒法也是用铛，这个时期，煎爒当同。煎爒菜肴见于记载的不多。烧尾宴中有：格食、过门香两款为煎制而成的。格食是挂粉煎，过门香是薄切原料煎制。

7. 炸（煠）

油熟法，以油没之为炸。其字原为煠，后以炸代之。面食类中，炸制的有环饼、寒具、捶。捶是包馅炸制。《卢氏杂说》载有：尚食局造𩜆子手为冯给事造𩜆子时所需工具、设备和制作过程。设备大台盘一双，木楔子三五十枚，以及油铛炭火，好麻油一、二斗，南枣、烂面少许等。先四面看台盘，有不平处，以一楔填之，后其平正。再取油铛、烂面等调停，从袜肚中取出银盒一枚，银箅子、银笊篱各一，候油煎熟，于盒中取𩜆子豏，用手于烂面中揉团。这时，五指间各有面透出，可以用箅子刮净，接着将𩜆子置于铛中。候熟，用笊篱流出，并以新水浇上，再投入油铛中，如此三五沸取出，放到台盘上。由于𩜆子太圆，一直旋转不停。烧尾宴中有金粟平𩜆，金粟是用鱼子代，平𩜆是指有别于圆𩜆，而是饼状。

炸制菜肴见于记载的有《岭表录异》所载的炸乌贼鱼、炸水母，《清异录》所载的雪婴儿。炸乌贼鱼是炸"炸熟，以姜醋食之，极肥美"。炸水母是"先煮椒桂或豆蔻生姜，缕切而炸之，可以五辣肉醋，或以虾醋，如鲙食之最

① 〔清〕彭定求等．全唐诗·卷一百九十八［M］．北京：中华书局，1960-4.
② 〔唐〕孟浩然．孟浩然诗集校注·卷第一［M］．北京：中华书局，2018-6.
③ 〔清〕张溍．读书堂杜工部诗文集注解·诗集注解卷之四［M］．济南：齐鲁书社，2014-2.
④ 〔清〕彭定求等．全唐诗·卷二百二十［M］．北京：中华书局，1960-4.

宜”。雪婴儿是将蛙剥皮后，再粘裹豆炸制，因色白如雪，故名。

8. 烙

《清异录》载：“五代五十年间，易姓告代，如翻鏊上饼然。”鏊上翻饼便是烙，当时又称煎饼。烙用炭或柴。《太平广记》卷二二〇引《北梦琐言》云：“孙光宪尝家人作煎饼，一婢抱玄子拥炉，不觉落火炭之上，遽以醋泥傅之，至晓不痛，亦无瘢痕。”[①] 鏊上烙饼，石上亦有烙饼。石鏊饼便是在烧热之卵石上烙饼，不易焦煳，是上古石上燔谷的遗意。

9. 腌

腌法是用浸、渍的手段，改变原料的性质，而能食用的成熟方法。腌多是盐腌，亦有酒腌、糟腌、糖腌，如隋、唐贡品中的糟蟹、糖蟹。鲊是腌法的代表作品。《大业拾遗记》载：“（大业）十二年（公元616年）六月，吴郡献太湖鲤鱼腴鱃四十坩，纯以鲤腴为之。计一坩鲊，用鲤鱼三百头，肥美之极，冠于鳣鲔。”鲤腴即鲤鱼腹部，40坩共需鲤鱼1.2万尾。[②] 另据《云仙杂记》卷一记载：“房寿六月召客……捣莲花制碧芳酒，调羊酪造含风鲊，皆凉物也。”[③] 含风鲊为消夏食品。《清异录》卷下载有牡丹鲊：“吴越有一种玲珑牡丹鲊，以鱼叶斗成牡丹状，既熟，出盎中，微红，如初开牡丹。”《酉阳杂俎》载有野猪鲊：“安禄山恩党莫比，其赐膳品，每有野猪鲊。”烧尾宴有吴兴连带鲊，据说是用吴兴（今浙江北部）未经装缸发酵的鲤鱼制作。糟腌之法的代表菜肴是赐绯羊。《清异录》载：“孟蜀尚食掌食典一百卷，有赐绯羊，其法：以红曲煮肉，紧卷石镇，深入酒骨腌透，切如纸薄，乃进。”酒骨即为酒糟。

10. 腊

腊法是用盐揉后以烟熏或风干而成的干制品，一般称作脯、干。有畜禽和

① 〔宋〕李昉等．太平广记·卷第二百二十［M］．北京：中华书局，1961-9.

② 〔唐〕杜宝．大业杂记辑校［M］．北京：中华书局，2020-1.

③ 〔后唐〕冯贽．云仙散录·序［M］．北京：中华书局，2008-12.

鱼类。名品有红虯脯、赤明香、同心生结脯、干鱼脍等。红虯脯为唐代宫廷所制，其特点是红丝状，用箸压可弯曲，又能回弹。赤明香是唐代仇士良家的名脯，特点是轻薄、甘香、殷红、浮脆。同心生结脯为烧尾宴的品种，是先打结后风干。干脍非脍，是晒干的鱼类。据《吴馔》记载："吴郡献海鮸干鲙四瓶……作干鲙之法：当五六月盛热之日，于海取得鮸鱼，大者长四五尺，鳞细而紫色，无细骨，不腥者。捕得之，即于海船之上作鲙，去其皮骨，取其精肉，缕切。随成随晒，二四日，须极下，以新白瓷瓶未经水者盛之。密封泥，勿令风入，经五六十日，不异新者。"又据《吴馔》记载："吴郡献松江鮸鱼干鲙六瓶，瓶容一斗。做鲙法一同鮸鱼。然做鲈鱼鲙，须八九月霜下之时，收鲈鱼三尺以下者做干鲙。浸渍讫，布裹沥水令尽，散置盘内，取香柔花叶，相间细切，和鲙，拨令涸匀。霜后鲈鱼，肉白如雪，不腥，所谓'金淅玉鲙，东南之佳味也'。紫花碧叶，间以素鲙，亦鲜洁可观。""金齑玉鲙，东南之佳味"据说是隋炀帝对松江鲈鱼干鲙的赞美。

11. 发酵

这个时期，利用酵母来改变原料，从而使成熟后的制品形成风味的发酵技术已被广泛使用。蒸饼中馒头便是一例。但无翔实的资料记载。《清异录》中记载的消灾饼，是以酒溲面，然后烤制，如果面团的搁置时间够长，发酵酒是可以起到酵母的作用，使饼形发暄，且有特殊的口感。

酱、菹、醯、醢、豉等制品均是发酵制品。唐代宫廷由掌醢署负责，便是制作酱、醋、豉等调味品的工匠，也有制作菜菹、肉酱的工匠。韩鄂的《四时纂要》中记载有鱼肉酱和兔肉酱的制作方法①。

鱼肉酱："鲻鱼、鲅鱼第一，鲤、鲫、鳎鱼次之。切如鲙条子一斗，摊曝，令去水脉。即入黄衣末五升、好酒小许、盐五升，和，如肉酱法。腹腴之处最居下。寒即曝之，热即凉处，可以经夏食之。"

---

① 韩鄂．四时纂要校释［M］．北京：农业出版社，1981.

兔肉酱："剉兔取肉，切如鲙。脊及颈骨细剉，相和肉。每一斗，黄衣末五升，盐五升，汉椒五合（去子），盐须干。方下好酒，和如前法，入瓷瓮子中，又以黄衣末盖之，封泥。五月熟。骨与肉各别作亦得。"

黄衣末粮食熟制发酵后的产生的霉屑。《食经》载："'作麦酱法'：小麦一石，渍一宿，炊。卧之，令生黄衣。"

12. 复合技法

这个时期，统治者和中高层的消费者对菜肴的审美要求提高。诸多菜肴、面点追求形、色之美。烧尾宴中的素蒸音声部，《清异录》所载的辋川小样都是例证。比丘尼梵正"用鲊、鲈脍、脯、盐酱瓜蔬，黄赤杂色，斗成景物。若坐及二十人，则人装一景，合成辋川图小样"是艺术冷拼盘之祖。但这种装盘没有多种手法是不行的。其用料也是有腌、有干、有脍、有煮而成。在热菜中，浑羊殁忽和烧尾宴中的凤凰胎、乳酿鱼、遍地锦装鳖、汤浴绣丸、金银夹花平截及《食医心鉴》中的酿猪肚都是需要多种技法复合使用。故许多菜肴或先腌后蒸，或先煮后煎炸，或多次加工，方能完成。如凤凰胎是先熟制鸡腹中蛋胎，再煎鱼白合成。乳酿鱼是以奶酪入鱼腹，煎后再煨。

据《卢氏杂说》载：浑羊殁忽是先将鹅腹酿入肉与糯米饭，再将鹅酿入羊腹，缝合炙之，熟后食鹅。谓之浑羊殁忽。遍地锦装鳖是熟制甲鱼定型装盘，然后以羊脂、鸭蛋黄盖面。汤浴绣丸是肉糜配蛋清，定型如绣球，再煮制而成。金银夹花平截是剔除蟹黄、蟹肉，分层卷入面片呈圆形，然后裁断入油煎制。酿猪肚是"猪肚一枚净洗，人参、橘皮各四分，下馈饭半升，猪脾一枚净洗，细切。以饭拌人参、橘皮、脾等，酿猪肚中，缝缀讫，蒸，令极熟。空腹食之。盐、酱多少任意"，可"治脾胃气弱不多下食。"

图 8-52（1）　陕西博物馆藏上林方炉（炙炉）

图 8-52（2）　陕西博物馆藏上林方炉（炙炉）

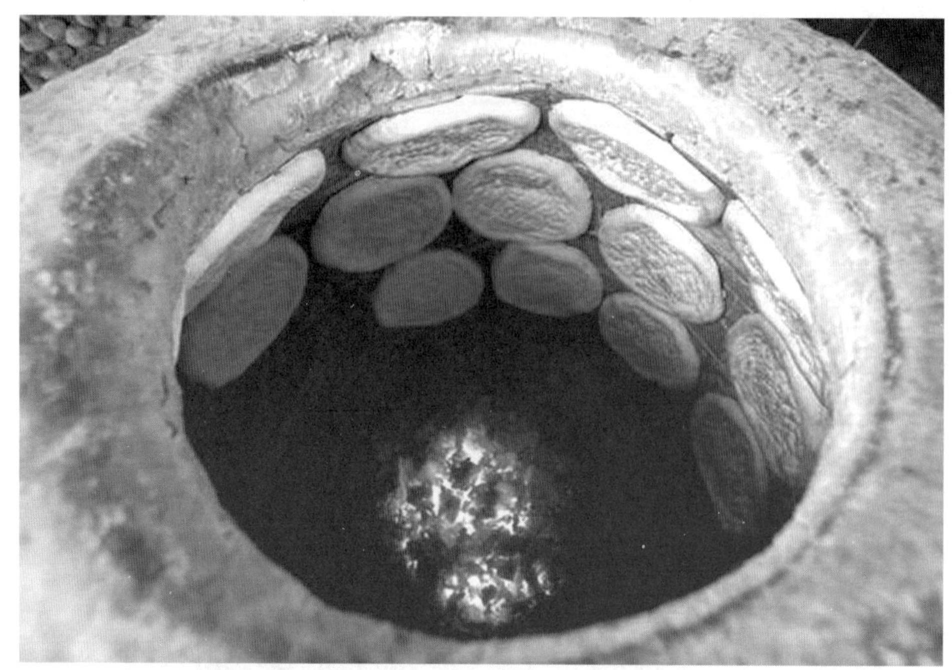

图 8-53 现代实用馕坑（缸炉）

第八节 品种与筵席

中国烹饪体系的走向成熟也表现在隋、唐、五代时期的烹饪制品和筵席上。这个时期的烹饪制品有了面食和面点的区分，有了冷菜和热菜之别，有了在同一技术基础上产生出地域不同的风味流派。宫廷和官府的筵席形成了基本的模式，社会饮食业也开始出现筵席的端倪，这是在国家政治、经济、文化的背景下，适应社会各阶层需求的结果。

一、品种与分类

根据《清异录》《酉阳杂俎》《膳夫经手录》《食医心鉴》等相关资料记载，中国烹饪制品可以为三类。一是面食面点，包括饭、粥、糕类。二是菜肴，分为冷菜、热菜两类。三是饮品，包括酒浆类、饮子类。主要品种具体如下。

1. 面食面点

饭：粟米饭（黄粱饭）、麦饭、黍米饭、胡麻饭、雕胡饭、御黄王母饭、越国公碎金饭、团油饭（盘油饭）、荷包饭、清风饭、龙华饭、松花饭、桃花饭、蔬饭、橡饭、青粳饭（乌饭）、新治月华饭。

粥：寒食麦粥、粟粥、乳粥、豆沙糖粥、粉粥、梨粥、云母粥、地黄粥、青小豆粥、黍米粥、浆水粥、薏仁粥、饧粥、粟乳豆粥、长生粥。

饼：蒸饼、汤饼、煎饼、胡饼、巨胡饼、馒头饼、薄夜饼、浑沌饼、夹饼、环饼、水漫饼、截饼、烧饼、索饼、馎饦、饧牙饼、糖脆饼、二仪饼、石鏊饼、子推蒸饼、乳饼、千金碎香饼子、云头对炉饼、滑饼、汤装浮萍面、朱衣餤、添酥冷白寒具、乾坤奕饼、含浆饼、撮高巧装坛样饼、曼陀样夹饼、双拌方破饼、生进鸭花汤饼、杨花泛汤糁饼、姜汁索饼、羊肉索饼、黄雌鸡索饼、榆白皮索饼、消灾饼、五福饼、鹭鸳饼、云喜饼、蜜云饼、五色饼、皮索饼、肺饼、婆罗门轻高面、玉尖面、冷淘、包子、馄饨、生进二十四气馄饨。

糕（点心）：急成小餤、百花糕、花折鹅糕、紫龙糕、单笼金乳酥、巨胜奴（酥蜜寒具）、贵妃红、七返膏、见风消（油浴饼）、唐安餤、红绫饼餤、莲花饼餤、金银夹花平截、火焰盏口䭔、水晶龙凤糕、软枣糕、玉粱糕、玉露团（雕酥）、汉宫棋（钱能印花煮）、毕罗、蟹黄毕罗、天花毕罗（九练香）、甜雪（蜜爁太例面）、八方寒食饼、素蒸音声部、满天星、糁拌、金糕糜员外糁、花截肚、大小虹桥子、木蜜金毛面、粽子、赐绯含香粽子、粔籹、䭔、捻头、灵沙臛、甜雪、小天酥（鸡鹿糁拌）。

2. 菜肴

菜肴中的炙有冷食和热食两类。

冷菜：脍、鲜鲫银丝脍、缕子脍、干脍、北齐武威王生羊脍、飞鸾脍、咄嗟脍、专门脍、天孙脍、拖刀羊皮雅脍、天真羊脍、丁子香淋脍、爽酒十样卷生、鲊、含风鲊、玲珑牡丹鲊、野猪鲊、吴兴连带鲊、红虬脯、赤明香、同心生结脯、鹿尾酱、鱼肉酱、兔肉酱、五牲盘、辋川小样、无心炙、金玲炙、驼峰炙、逍遥炙、灵消炙、牛炙、小蚌肉炙、翰林齑、清凉臛碎、缕金龙凤蟹、醋芹、蜜唧、修羊宝卷、交加鸭脂、君子飣、虞公断醒鲊、千日酱、加乳腐、无忧腊、羊皮花丝、逡巡酱、八仙盘、红罗飣、缠花云梦肉、蕃体间缕宝相肝。

热菜：天脔炙、蛤蜊炙、蝤蛑炙、鹅鸭炙、浑炙犁牛、浑羊殁忽、野猪肉炙、鳗鲡鱼炙、鸳鸯炙、炙黄雌鸡、升平炙、象鼻炙、龙须炙、干炙满天星、金铃炙、光明虾炙、生虾炙、道场羹、细供没忽羊羹、不乃羹、水牛肉羹、羊肺羹、猪心羹、猪肾羹、猪肝羹、甘露羹、乌雌鸡羹、青头鸭羹、鸡肠菜羹、小豆叶羹、车前叶羹、扁竹叶羹、十遂羹、莼羹、莼根羹、驼蹄羹、学士羹、剪云析鱼羹、冷蟾儿羹、遍地锦装鳖、热洛河、虾生、金银夹花平截、熊白啖、剔缕鸡、金粟平䭔、炸乌贼鱼、雪婴儿、过厅羊、黄金鸡、凤凰胎、炒蜂子、蒸驴头、蒸乌驴皮、蒸羊头肉、酿猪肚、炸水母、炸乌贼鱼、炰鹿蹄、炰苍耳菜、炰牛蒡叶、炰木桂花、热洛河、鱼羊仙料、春香泛汤、十二香点臛、金装大量黄艾炙、白消熊、贴乳花面英、加料盐花鱼屑、折箸羹、香翠鹑羹、露浆山子羊蒸、金丸玉菜臛鳖、暗装笼味、高细浮动羊、烙羊成美公、藏蟹含春侯、连珠起肉、通花软牛肠、白龙臛、乳酿鱼、葱醋鸡、西江料（蒸彘肩屑）、红羊枝杖、仙人脔（乳瀹鸡）分装蒸腊熊、卯羹、箸头春（炙活鹑子）、水炼犊、格食、过门香、汤浴绣丸、软钉雪龙。

3. 饮品

饮子：冰屑麻节饮、蔗浆、葡萄浆、樱桃蔗浆、青饮、赤饮、白饮、玄

饮、黄饮、沉香饮、丁香饮、檀香饮、泽兰香饮、甘松香饮、扶芳饮、桂饮、江笙饮、竹叶饮、荠苨饮、桃花饮、酪饮、乌梅饮、加蜜砂糖饮、姜饮、加蜜谷叶饮、皂李饮、麻饮、麦饮、莲房饮、瓜饮、香茅饮、加砂糖茶饮、麦门冬饮、葛花饮、槟榔饮、茶饮、白草饮、枸杞饮、人参饮、茗饮、鱼荏饮、苏子饮、石榴饮、杏仁饮、三勒浆、酪浆、冷云浆、赤箭汤、云母汤。

茶：蒙顶茶、紫笋茶、蜡面茶、剡溪茶、石廪茶、龙珠茶、鸡鸣茶、寿春茶、舒州茶、顾渚茶、蕲门茶、峡州茶、光山茶、义阳茶、湖州茶、彭州茶、越州茶。

酒：清、浊酒类：玉薤、春暴、秋清、酴醾酒、桑落、西市腔，郎官清、阿波清，乾和、杏花村。

果酒类：葡萄酒、甘蔗酒、三勒酒、槟榔酒、龙膏酒、椰花酒。

配制酒类：独活酒、牛膝酒、茵芋酒、大金牙酒、马灌酒、芫清酒、蛮夷酒、鲁公酒、附子酒、紫石酒、丹参酒、杜仲酒、菊花酒、麻子酒、地黄酒、天门冬酒、钟乳酒、术酒、枸杞酒、苍耳酒、五加皮酒、松醪酒。

节令酒：艾酒、菖蒲酒、茱萸酒、菊花酒、屠苏酒。

二、区域的风味特色

区域或称地方风味的形成，有多种原因。水陆交通便利，相对富裕的地区，较易受京师官厨与中心城市社会饮食业的影响。受气候、地理条件的影响较小。反之，则易在相对封闭的环境内，形成带有强烈地方风味的饮食体系，同时，人口流动的比例较大，商业发达的城市，会更多地表现各种饮食文化交流的效果。这个时期，比较有代表性的地方风味是：吴地、蜀地、粤地。

1. 吴地

吴地风味以扬州为代表。其特点是用料广泛、兼容南北、技术水准较高。这得益于大运河的开通，扬州成为南北交通之要冲、枢纽，是国内漕米、海盐、生铁、茶叶等货物的集散、转运基地，亦是外贸的重要港口，人口多，富裕程度高，消费水准亦高。唐时的扬州“富甲天下”（《旧唐书·秦彦传》），有“扬一益二”之说，是两京之外第一繁华的城市。杜牧有“春风十里扬州路”①，张祜有“十里长街市井连，月明桥上看神仙。人生只合扬州死，禅智山光好墓田”②，王建有“夜市千灯照碧云，高楼红袖客纷纷”③，徐凝有“天下三分明月夜，二分无赖是扬州”④，李白有“我来扬都市，送客回轻舠……摇扇对酒楼，持袂把蟹螯”⑤ 等赞誉。足见那一时期扬州经济繁荣、饮食业的发达。圆仁在《入唐求法巡礼记》卷一记文宗开成三年（公元 818 年）十二月廿九日在扬州的见闻云：“街店之内，百种饭食，异常弥满”⑥。

扬州酒肆中的蟹馔、鳝鱼菜、鱼鲙、缕子脍很有名气。“金齑玉脍”被隋炀帝称为“东南佳味”，以鱼脍洁白如玉，橙齑金黄，味道香鲜著称，以江南湖鲜为原料的菜肴较多。白居易对此多有吟咏，如“鲙缕鲜仍细，莼丝绦滑且柔”⑦，“萍醅箬溪醑，水脍松江鳞”⑧，“鱼脍芥酱调，水葵盐豉絮”⑨。陆龟蒙诗云：“笠泽卧孤云，桐江钓明月。盈筐盛芡芰，满釜煮鲈鳜。酒帜风外，茶枪露中撷。”⑩ 其《食鱼》云：“江南春旱鱼无泽，岁晏未曾腥鼎鬲。今朝有客卖鲈魴。手提见我长于尺。呼儿舂取红莲米，轻重相当加十倍。且作吴羹作早餐，饱卧晴簷曝寒背。”⑪ “煮鲈鳜”是吴羹上品。名声在外的“莼羹”仍为吴地名菜。糟蟹、糖蟹、海鮸干鲙 、海虾子挺 、鮸鱼含肚、石首含肚、松江鲈鱼干鲙等都曾入为贡品。

---

① 〔唐〕杜牧．杜牧集系年校注·樊川文集卷第三［M］．北京：中华书局，2008-10.
② 〔唐〕张祜．张祜诗集校注［M］．成都：巴蜀书社，2007-7.
③ 〔唐〕王建．王建诗集校注［M］．成都：巴蜀书社，2006-6.
④ 〔宋〕洪迈．容斋随笔·卷九［M］．北京：中华书局，2005-11.
⑤ 〔清〕彭定求等．全唐诗·卷一百七十五［M］．北京：中华书局，1960-4.
⑥ 潘平．入唐求法巡礼记［M］．北京：东方出版社，2020-05.
⑦ 〔清〕彭定求等．全唐诗·卷四百五十［M］．北京：中华书局，1960-4.
⑧ 〔清〕彭定求等．全唐诗·卷四百四十四［M］．北京：中华书局，1960-4.
⑨ 〔清〕彭定求等．全唐诗·卷四百四十五［M］．北京：中华书局，1960-4.
⑩ 〔元〕辛文房．唐才子传笺证·卷第八［M］．北京：中华书局，2010-9.
⑪ 〔清〕彭定求等．全唐诗·卷六百二十一［M］．北京：中华书局，1960-4.

2. 蜀地

以成都（益州）为代表的蜀地风味亦很突出。成都是繁华的地域中心，是“扬一益二”的第二。商业发达，饮食行业繁荣。但气候和地理条件决定蜀地风味“味尤辛”仍旧是以香、辛、麻为特点。“蜀人以为珍味”的枸酱仍在流行，也出现了一些菜肴佳品。如杜甫吟咏的鱼脍：“饔子左右挥霜刀，鲙飞金盘白雪高。徐州秃尾不足忆，汉阴槎头远遁逃。鲂鱼肥美知第一，既饱欢娱亦萧瑟。君不见朝来割素，咫尺波涛永相失。”① 在诗人眼中，绵江鲂鱼的肥美是绝对第一。杜甫的其他诗中，还歌咏了巴东“黄鱼”“白小”（面鱼）、“丙穴鱼”等。冯贽《云仙散录》还记载：“蜀人二月好以豉杂黄牛肉为甲乙膏，非尊亲厚知，不得而预。其家小儿，三年一享。”② 蜀人的口味是较重的。蜀地菜肴名气最大的是孟蜀宫廷名菜“赐绯羊”。其卷镇之法，一直被后世传承。《食医心鉴》的作者昝殷是四川人，其在中国烹饪理论的建树上，在食疗上颇有贡献。

3. 粤地

粤地距两京甚远，受中原烹饪文明的影响也较少，其面大海而背五岭，气候温热，物产丰饶，山珍海错，鲜果时蔬，品种众多。故粤地风味更多是以原料取胜，食性较杂，一些特殊的食法，如蜜唧则是两京、中原难以接受的。因此，粤菜的地方特色尤为明显。唐昭宗时曾在广州为官的刘恂所著的《岭表录异》为我们了解粤地风味提供了资证。其书中记录的各类原料数十种，如蚌、鲵鱼、水牛、羊、鹿、鸡、猪、象、山姜、鹗、鹧鸪、嘉鱼、鲎鱼、黄腊鱼、竹鱼、乌贼鱼、石首鱼、比目鱼、鸡子鱼、鲟鱼、鲶鱼、虾、海虾、石矩、瓦屋子、水蟹、蚝、水母、蚺蛇、蜈蚣、蚁卵、孔雀、章举等。特殊原料制作的菜肴如蚺蛇羹、蜈蚣脯、蚁卵酱、孔雀脯腊、象鼻炙和蜜唧（《朝野佥载》③

① 〔清〕彭定求等．全唐诗·卷二百二十［M］．北京：中华书局，1960-4.
② 〔后唐〕冯贽．云仙散录［M］．北京：中华书局，2008-12.
③ 〔唐〕张鷟．朝野佥载·隋唐嘉话［M］．西安：三秦出版社，2004-05.

载），令人瞠目，也难以下咽。其驳杂可见一斑。《岭表录异》中所记载的烹饪方法也较为全面。烧、煮、蒸、炙、炸、腌、醉、炒、脍均有使用。调味用品突出香料，如姜、椒、桂、橙、蓼、兰香、豆蔻、葱，用醋也多。《岭表录异》中“山橘子”条：山橘子，大者冬熟如土瓜，次者如弹丸。其实金色而叶绿，皮薄而味酸，偏能破气。容广之人带枝叶藏之，入脍醋，尤加香美。

用“山橘子”和醋结合，食脍确有特殊的自然风味。食用生水母则是“先煮椒、桂或豆蔻、生姜，缕切而炸之，或以五辣肉醋，或以虾醋，如脍食之，最宜。”（《岭表录异》）此种方法去腥，去涩，驱寒，提鲜，增香的效果甚佳。粤地风味属广义的“南食”，是后世粤菜、粤帮的发祥部分之一。

三、筵席的模式

这个时期是中国筵席发展的重要阶段，虽无御筵的详细记载，但官筵有管中窥豹的作用。筵席淡化了礼仪之规，成为因事而设的带有庆贺、答谢、社交作用的以饮、食为中心的聚餐、聚会。而筵席之名因歌舞、游戏的介入而得宴会之名。社会饮食业也自此开始筵席、宴会的试水，以座次、菜品、席间活动为主要内容的筵席、宴会的模式趋于固定。

1. 筵、宴名目

这个时期见于记载的筵席、宴会的名目主要为：曲江宴、烧尾宴、临光宴、千秋筵、争春宴、樱桃宴、汤饼筵、野宴、夜宴、家筵等。

曲江宴，是因长安的曲江园林而得名。此处是胡姬酒肆最为集中的地区。曲江之筵或因进士及第，或因节令，或为赏景。《唐摭言》载：进士及第后“曲江之宴，行市罗列，长安几于半空”，而且“凡今年才过关宴（吏部举行的‘关试’之后举办的，故称‘关宴’），士参已备来年游宴之费。由是四海之内，水陆之珍，靡不毕备。”①

① 〔五代〕王定保．唐摭言［M］．黄寿成，校．西安：陕西出版集团；三秦出版社，2011-02.

节令之筵，如上巳节，祓禊春浴日。杜甫有诗云："三月三日天气新，长安水边多丽人。态浓意远淑且真，肌理细腻骨肉匀。绣罗衣裳照暮春，蹙金孔雀银麒麟。头上何所有？翠微匎叶垂鬓唇。背后何所见？珠压腰衱稳称身。就中云幕椒房亲，赐名大国虢与秦。紫驼之峰出翠釜，水精之盘行素鳞。犀箸厌饫久未下，鸾刀缕切空纷纶。黄门飞鞚不动尘，御厨络绎送八珍。"[①]

临光宴是正月十五夜，唐玄宗在长春殿前举行。宫人在殿前点起"白鹭转花""黄龙吐水""金凫银燕""浮光洞""攒星阁"等各式花灯，乐队演奏《月分光曲》，音乐佐饮，观灯赏月、美酒佳肴相映生辉，是御筵中的灯火宴会。

烧尾筵，乃官筵第一。《封氏闻见记》载："士子初登荣进及迁除，朋僚慰贺，必盛置酒馔音乐，以展欢宴，谓之烧尾。"《辨物小志》载："唐自中宗朝，大臣初拜官，例献食于天子，名曰烧尾。"可知烧尾宴一是在官场同僚间举办，二是大臣敬奉皇上。

官筵类的野宴，王维在《暮春太师左右丞相诸公于书氏逍遥谷燕集序》中有描绘："花迳窈窕，蘅皋涟漪。骖御延伫于丛薄，佩玉升降于苍翠。于是外仆告次，兽人献鲜。樽以大罍，烹用五鼎。木器臃肿，即天姿以为饰。沼毛蘋蘩，在山羞而可荐。伶人在位，曼姬始彀。齐瑟慷慨于座右，赵舞徘徊于白云。"[②] 风景、酒馔、歌舞描绘得甚为清楚。官筵类的家筵，最知名的是韩熙载的夜宴，乐伎、侍筵、酒肴俱全，但因是逍遥散座，是有别于正式的官筵。

因生日、寿诞而举办的筵席，御筵称千秋筵，民间则是汤饼会。尤其是生男丁，属弄璋之喜，不论官民都是要设筵庆贺一番的。武则天时期，曾颁禁酒令，某官员家中饮酒被举报，则天询之，言有弄璋之喜，不但释然，还叮嘱此人，再有此喜，当请我出席，而莫请那位举报者。

---

① 〔清〕浦起龙．读杜心解·卷二［M］．北京：中华书局，1961-10.

② 〔唐〕王维．王维集校注·卷八［M］．北京：中华书局，1997-8.

2. 筵席座次

筵席的座次是由筵席的主办者在不同的环境、条件下，根据出席者的尊卑、主客、长幼来决定的。皇家的御筵在宫殿之内，自然是根据帝位坐北面南来确定的，皇帝之下，东西两列，一人一席，列鼎而食。这是依据周礼之规的传统的中国分食制筵席。而汉代以后，胡风弥漫，入唐更甚。席地而坐变为床榻之坐，虽仍有御筵的一人一案和家宴的散坐，但正式的官筵、中高阶层的聚餐与社会饮食业的就餐和座席已经完成了向围坐于大床、大案，或分食或共食的转变。

陕西长安县南里王村韦氏家族墓室壁画饮宴图中，长方形大案置于中央，北、西、东三边的床上，垂膝、盘坐者 9 人，衣冠相仿，应是基本处于同一地位的官员，尚不能分辨尊卑与主客，但基本的筵席座次是很清楚的。而且，食物居于案中，餐具分列，是共食的筵席。

图 8-54　唐代韦氏家族墓壁画

再看唐画宫女会茗图，长方形大案，案中是盛茶的茶海，海中是长柄的茶匙，宫女一人一凳，每人面前置茶盏，一女正欲盛茶。未见茶食，应非正式的茶筵，但围坐的方式很清楚。说明宫中的筵席、聚餐应该也是这种方式。与唐墓壁画相比，饮宴图中是食案和坐床是基本等高的，还保留盘坐习惯。而会茗图则是高案低凳，垂膝而坐，已完全没有旧时筵席的踪影。但饮宴图中案前所置的盛器和长柄勺和会茗图案上的茶海是相似的，说明当时的筵席、聚餐，或酒或茶都是共器分盛的。

图 8-55　唐宫女会茗图

官员的家宴另有不同，五代南唐顾闳中的“韩熙载夜宴图”是写实的，是当时官员家庭饮食活动的真实写照。图中，韩熙载和另一穿红衣者盘腿坐在屏风床上，床上应有案几，但被遮挡。床前放有长条食案，两端各有一人坐在倚床（靠背椅）上，案上有菜品，两组八种，另有注子、注碗（酒器）。在长食案前，放有小食案，有八种菜品，一人亦坐倚床上。旁边是正在弹奏的琵琶女。从此图看，高官的家筵还是分食制。虽是散坐，主人和主宾的位置确是突出的，并有明显的尊卑之别。但这种夜宴只是晚间的聚餐、娱乐活动，还不属于正式的筵席。不过其布局、座次还是能够为我们了解正式筵席作参照的。

图 8-56（1）　五代《韩熙载夜宴图》（局部）

图 8-56（2）　五代《韩熙载夜宴图》（局部）

3. 筵席菜品

自商、周以来，筵席活动的主题始终在饮而非食，隋、唐之前只有饮酒，入唐之后，茶的地位提高，与酒并列，故筵席、宴会的菜品设计与组合均是围绕酒、茶进行。尤其是提高酒兴、佐酒、劝酒、下酒，成为筵席、宴会的中心。从目前的资料来看，隋、唐的官筵已经开始形成从看盘到冷碟、热食、面饭的全套筵席、宴会之菜品组合。

所谓看盘是陈列在席前、席上供观赏的菜品。周代宫廷筵席列鼎铺陈，多数是为彰显身份、地位所用而不供食用，这个传统是世代沿袭的。唐代最典型的看盘是辋川小样和素蒸音声部。辋川小样的人装一景，二十景，虽是尼姑所作，但定是官厨所传。民间筵席无此炫技、张扬之需。素蒸音声部七十位如蓬莱仙人般的音、乐伎是复制了宫廷的乐队，是烧尾宴供奉皇帝时陈设，官员之间的升官之庆也无必要。

隋炀帝筵席的菜品组合，从其尚食直长谢讽的《食经》中可以基本了解。五十三道菜品中，有可做看盘的君子饤，有可做冷碟的脍、鲊、腊、酱，其中爽酒十样卷生、含春侯藏蟹极具风味特色。热食当中，有炙、羹、臛，亦有成美工烙羊、暗装笼味等佳肴。至于面饭则有糕、䭔、餤、寒具类可做点心，有饼、面、饭等可以解酒充饥。可以说是品类齐备、技法全面。按照一般御筵、官筵每席十五个品种左右来组合，足可以为多次筵席所用，而不乏新鲜感。

韦巨源的烧尾筵当是景龙二年（公元 708 年）“官拜尚书左仆射”时为供奉唐中宗李显而办的。据《清异录·馔馐门》载：“韦巨源拜尚书令，上烧尾食其家。故书中尚有食帐，今择奇异者略记。”略记的这五十八个品种亦非一席所用，但完全可以从中选出二十种，组合为供奉李显的一席。其《烧尾食单》五十八种如下。

（1）单笼金乳酥是（饼但用独隔通笼，欲气隔）。

（2）曼陀祥夹饼（公厅炉）。

（3）巨胜奴（酥蜜寒具）。

（4）贵妃红（加味红酥）。

（5）婆罗门轻高面（笼蒸）。

（6）御黄王母饭（遍镂印脂，盖饭面，装杂味）。

（7）七返膏（七卷作圆花，恐是糕子）。

（8）金铃炙（酥搅印脂取真）。

（9）光明虾炙（生虾可用）。

（10）通花软牛肠（胎用羊膏髓）。

（11）生进二十四气馄饨（花形、馅料各异，凡廿四种）。

（12）生进鸭花汤饼（厨典入内下汤）。

（13）同心生结脯（先结后风干）。

（14）见风消（油浴饼）。

（15）冷蟾儿羹（蛤蜊）。

（16）唐安餤（斗花）。

（17）金银夹花平截（剔蟹细碎卷）。

（18）火焰盏口䭔（上言花，下言体）。

（19）水晶龙凤糕（枣米蒸。方破，见花乃进）。

（20）双拌方破饼（饼料花角）。

（21）玉露团（雕酥）。

（22）汉宫棋（二钱能印花，煮）。

（23）长生粥（进料）。

（24）天花毕罗（九炼香）。

（25）赐绯含香粽子（蜜淋）。

（26）甜雪（蜜饯大例面）。

（27）八方寒食饼（用木范）。

（28）素蒸音声部（面蒸，像蓬莱仙人，凡七十事）。

（29）白龙臛（治鳜肉）。

(30) 金粟平䭔（鱼子）。

(31) 凤凰胎（杂治鱼白）。

(32) 羊皮花丝（长及尺）。

(33) 逡巡酱（鱼羊体）。

(34) 乳酿鱼（完进）。

(35) 丁子香淋脍（腊别）。

(36) 葱醋鸡（入笼）。

(37) 吴兴连带鲊（不发缸）。

(38) 西江料（蒸彘肩屑）。

(39) 红羊枝杖（蹄上裁一羊，得四事）。

(40) 升平炙（治羊鹿舌，掉三百数）。

(41) 八仙盘（剔鹅作八副）。

(42) 雪婴儿（治蛙，豆荚贴）。

(43) 仙人脔（乳瀹鸡）。

(44) 小天酥（鸡鹿糁拌）。

(45) 分装蒸腊熊（存白）。

(46) 卯羹（纯兔）。

(47) 清凉䐁碎（封狸肉夹脂）。

(48) 箸头春（炙活鹑子）。

(49) 暖寒花酿驴蒸（耿烂）。

(50) 水炼犊（炙，尽火力）。

(51) 五牲盘（羊、豕、牛、熊、鹿，并细治）。

(52) 格食（羊肉、肠、脏缠豆荚各别）。

(53) 过门香（薄治群物，入沸油烹）。

(54) 红罗饤（膋血）。

(55) 缠花云梦肉（卷镇）。

（56）遍地锦装鳖（羊脂、鸭卵脂副）。

（57）蕃体间缕宝相肝（盘七升）。

（58）汤浴绣丸（肉糜治，隐卵花）。

试组一席如下：（共25例）

看盘：素蒸音声部

冷碟：（6式）五牲盘、红罗饤、羊皮花丝、丁子香淋脍、缠花云梦肉、清凉臛碎

热菜：（9品）箸头春、汤浴绣丸、遍地锦装鳖、暖寒花酿驴蒸、仙人脔、红羊枝杖、金银夹花平截、西江料、水炼犊

羹汤：（2种）冷蟾儿羹、卵羹

点心：（4样）小天酥、金粟平䭔、天花毕罗、玉露团

面饭：（4品）生进二十四气馄饨、御黄王母饭、八方寒食饼、生进鸭花汤饼

4. 席间娱乐

筵席、宴会的娱乐应该分为两个部分。一是歌舞伴宴，二是酒令游戏。又因筵宴的性质、档次的不同而不同。宫廷中歌舞是筵宴的重要组成部分，是宫廷礼仪所在。盛唐时，宫廷中设置了完善健全的太常寺、教坊，管理宫廷乐舞等事宜。唐玄宗时又从坐部伎及宫女中挑选出一大批技艺最高的乐工、舞伎，设立了梨园，专事歌舞的排练和演出。筵宴因隋旧制，用九部之乐，其后分为立，坐二部。而“立部伎”“坐部伎”中最为著名也最有影响的乐舞是《秦王破阵乐》和《霓裳羽衣舞》。此乐舞由唐玄宗作曲，杨玉环表演，是在汉代相和大曲的基础上进一步发展的，气势华贵恢宏。其他有绿腰舞、惊鸿舞、凌波舞、胡旋舞、胡腾舞等，包括独舞、双人舞、三人舞、大型群舞。

一般官筵相对自由，且中高层官员无不蓄伎而用。士族大夫、贵族阶层中，每宴游，必有舞。社会饮食业中，胡姬酒家的歌舞佐餐是其特色，也是其招徕顾客的手段。汉人酒楼则视需要延聘乐伎、歌女和胡姬。白居易《琵琶

引》诗云："十三学得琵琶成，名属教坊第一部。曲罢曾教善才服，妆成每被秋娘妒。五陵年少争缠头，一曲红绡不知数。钿头银篦击节碎，血色罗裙翻酒污。"① 李颀《古意》诗云："辽东小妇年十五，惯弹琵琶解歌舞。"② 均是生动写照。

胡旋舞与胡腾舞是唐代流行于皇宫和民间的胡舞。白居易《胡旋女》诗云："胡旋女，胡旋女，心应弦，手应鼓；弦鼓一声双袖举，回雪飘遥转蓬舞，左旋右转不知疲，千匝万周无已时。人间物类无可比，奔车轮缓旋风迟。曲终再拜谢天子，天子为之微启齿……"③ 此舞应弦又要应鼓，心手并用，堪称神形齐致，轻如飘雪，在筵宴的场景中有极强的感染力。

席间的酒令游戏，盛行于官筵和社会饮食业。酒令种类繁多，传统投壶、射覆之外，又有言小字令、不语令、手势令、历日令等，最为主要的是律令、骰盘令和抛打令。行令者、监酒者不论官筵或酒楼一是文人，二是歌女、舞伎。故唐诗中常有吟咏，如白居易的"闲征雅令穷经史，醉听新吟胜管弦"④"醉翻彩袖抛小令，笑掷骰盘呼大采"⑤，李商隐的"隔座送钩春酒暖，分曹射覆蜡灯红"⑥。

律令：此种酒令无肢体动作，是语言和动脑。如一字令、添字令、拆字令、景物双关令、断章取义令等。《石林燕语》的律令有载："末座者，连饮三杯。为'蓝尾'。"盖因隋、唐筵席之酒是共器分饮，由令官或东道主为客人分酒，末座之人等待时间较长，为此便立下凡位于末座者，须连饮三杯的规定。故白居易在《元日对酒》中有"三杯蓝尾酒，一碟胶牙饧。除却崔常侍，无人共我争"⑦ 的描述。唐代流行最广的律令还是作诗行令，包括各种押韵之

---

① 〔清〕彭定求等．全唐诗·卷四百三十五［M］．北京：中华书局，1960-4.
② 〔清〕彭定求等．全唐诗·卷一百三十三［M］．北京：中华书局，1960-4.
③ 〔清〕彭定求等．全唐诗·卷四百二十六［M］．北京：中华书局，1960 年 4 月．
④ 〔唐〕白居易．白居易诗集校注［M］．北京：中华书局，2006-7.
⑤ 〔清〕彭定求等．全唐诗·卷四百四十四［M］．北京：中华书局，1960-4.
⑥ 〔唐〕李商隐．李商隐诗歌集解［M］．北京：中华书局，2004-11.
⑦ 〔唐〕白居易．白居易诗集校注·卷第三十一［M］．北京：中华书局，2006-7.

词、曲或俗语。先由行令者发令（宣令），确定接令规则，难易程度由行令确定，或只需押韵、顺畅，或需引经据典，要靠才思敏捷和学识渊博。如老、少对嘲："长安轻薄儿，白马黄金羁。""昨日美少年，今日成老丑。"① 所行之令皆有出处。

骰盘令："掷骰子"决定饮酒人和饮酒量。有博局戏、樗蒲和双陆三种。这种酒令较为简单，但分外热闹，投掷时大呼小叫，气氛活跃，白居易在《就花枝》中有"笑掷骰盘呼大采"② 便是一证。

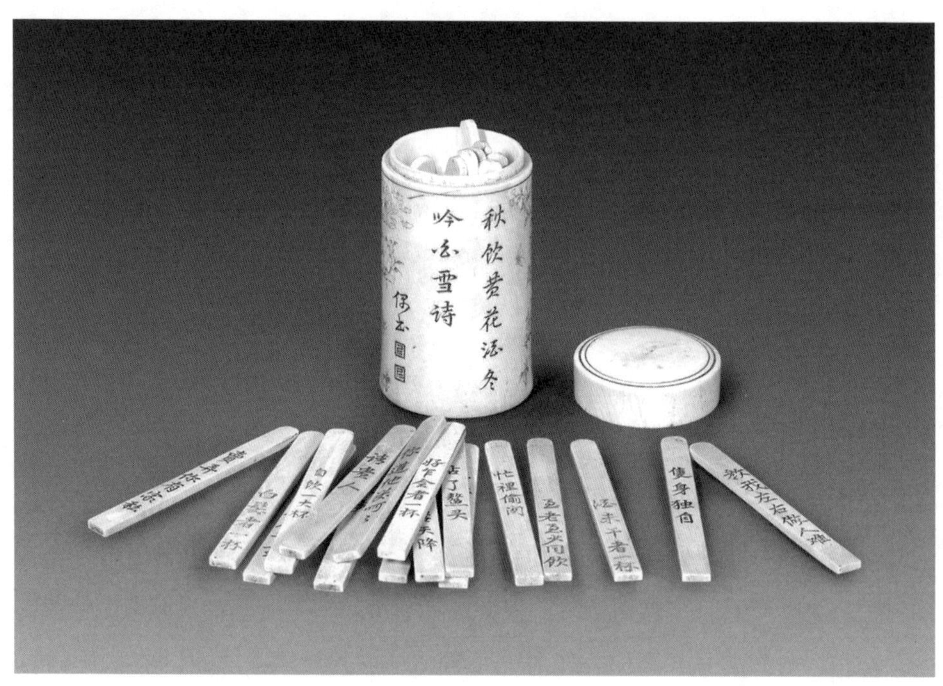

图 8–57　酒筹

抛打令：此种酒令在行令时有歌、舞伎相伴。以筵席上的酒筹，或花球、玉钩，抛打、相传，在击鼓声或歌舞中抛来打去，舞停、声息时，物品在谁之

① 〔元〕辛文房. 唐才子传笺证·卷第五上［M］. 北京：中华书局，2010-9.
② 〔唐〕白居易. 白居易诗集校注·卷二十一［M］. 北京：中华书局，2006-7.

手，便是饮酒之人。刘禹锡《抛毬乐》诗云“五色绣团圆，登君峨渭筵……幸有《抛毬乐》，一杯君莫辞”①，白居易诗云“筹插红螺碗，筋飞白玉危”②，都是例子。

图 8-58　唐代酒筹筒

① 〔清〕彭定求等．全唐诗·卷二十八［M］．北京：中华书局，1960-4.

② 〔唐〕白居易．白居易诗集校注·卷第十三［M］．北京：中华书局，2006-7.

本章结语

隋代虽短，千年运河在。盛唐虽逝，但有唐一代创造了中国封建社会的辉煌。广阔的疆域，开放的社会，灿烂的文明是以汉民族为主体的中华民族的高光时刻。在这样的历史背景下，这个时期有发达的种植业、养殖业、手工业，有四通八达的水陆交通和泽被四海的商业、贸易，有长安、洛阳两京的万国来朝，有“扬一益二”的繁荣、富庶，有霓裳羽衣的歌舞蹁跹，有历久弥新、高山仰止的唐诗经典，逝者如斯夫，而千古不朽。

得益于这个时代，得益于时代所创造的国家统一、社会安定、经济繁荣、原料充足、消费旺盛等诸多条件，中国烹饪体系逐步走向成熟。原有的各个专业门类在分化、细化的进程中，渐趋行业化。官厨和社会饮食业的技术工种走向定型，技法、工艺拓展、提升，涌现出一大批优秀品种，并因地域、气候、物产不同，开始形成不同的风味流派。筵席、宴会传承、变化，模式初定，社会饮食业门类逐渐完备，地位提升，为成为社会饮食消费的主体奠定了基础。

附　录

唐诗中的饮食

唐诗是中国文学的经典，其中多有对唐代饮食风貌的吟咏，是我们了解唐代中国烹饪和饮食行业的窗口，能让我们感受到那个时代的气息。故摘录部分，以飨读者。

1. 过故人庄

作者：孟浩然

故人具鸡黍，邀我至田家。

绿树村边合，青山郭外斜。

开轩面场圃，把酒话桑麻。

待到重阳日，还来就菊花。

2. 裴司士、员司户见寻（一题作裴司士见访）

作者：孟浩然

府僚能枉驾，家酝复新开。

落日池上酌，清风松下来。

厨人具鸡黍，稚子摘杨梅。

谁道山公醉，犹能骑马回。

3. 早秋宿崔业居处

作者：秦系

从来席不暖，为尔便淹留。

鸡黍今相会，云山昔共游。

上帘宜晚景，卧簟觉新秋。

身事何须问，余心正四愁。

4. 归汝坟山庄留别卢象

作者：祖咏

淹留岁将晏，久废南山期。
旧业不见弃，还山从此辞。
沤麻入南涧，刈麦向东菑。
对酒鸡黍熟，闭门风雪时。
非君一延首，谁慰遥相思。

5. 送友人南归

作者：王维

万里春应尽，三江雁亦稀。
连天汉水广，孤客郢城归。
郧国稻苗秀，楚人菰米肥。
悬知倚门望，遥识老莱衣。

6. 游化感寺

作者：王维

翡翠香烟合，琉璃宝地平。
龙宫连栋宇，虎穴傍檐楹。
谷静唯松响，山深无鸟声。
琼峰当户拆，金涧透林明。
郢路云端迥，秦川雨外晴。
雁王衔果献，鹿女踏花行。
抖擞辞贫里，归依宿化城。
绕篱生野蕨，空馆发山樱。
香饭青菰米，嘉蔬绿笋茎。
誓陪清梵末，端坐学无生。

7. 江阁卧病走笔寄呈崔、卢两侍御

作者：杜甫

客子庖厨薄，江楼枕席清。

衰年病只瘦，长夏想为情。

滑忆雕胡饭，香闻锦带羹。

溜匙兼暖腹，谁欲致杯罂。

8. 宿五松山下荀媪家

作者：李白

我宿五松下，寂寥无所欢。

田家秋作苦，邻女夜春寒。

跪进雕胡饭，月光明素盘。

令人惭漂母，三谢不能餐。

9. 隐者居

作者：王建

山人住处高，看日上蟠桃。

雪缕青山脉，云生白鹤毛。

朱书护身咒，水噀断邪刀。

何物中长食，胡麻慢火熬。

10. 寄胡饼与杨万州

作者：白居易

胡麻饼样学京都，面脆油香新出炉。

寄与饥馋杨大使，尝看得似辅兴无。

11. 秋夜喜遇王处士

作者：王绩

北场芸藿罢，东皋刈黍归。

相逢秋月满，更值夜萤飞。

12. 中书即事

作者：裴度

有意效承平，无功答圣明。
灰心缘忍事，霜鬓为论兵。
道直身还在，恩深命转轻。
盐梅非拟议，葵藿是平生。
白日长悬照，苍蝇谩发声。
高阳旧田里，终使谢归耕。

13. 和令狐相公谢太原李侍中寄蒲桃

作者：刘禹锡

珍果出西域，移根到北方。
昔年随汉使，今日寄梁王。
上相芳缄至，行台绮席张。
鱼鳞含宿润，马乳带残霜。
染指铅粉腻，满喉甘露香。
酝成十日酒，味敌五云浆。
咀嚼停金盏，称嗟响画堂。
惭非末至客，不得一枝尝。

14. 凉州词二首・其一

作者：王翰

葡萄美酒夜光杯，欲饮琵琶马上催。
醉卧沙场君莫笑，古来征战几人回？

15. 送裴十八图南归嵩山二首

作者：李白

何处可为别，长安青绮门。
胡姬招素手，延客醉金樽。

临当上马时，我独与君言。
风吹芳兰折，日没鸟雀喧。
举手指飞鸿，此情难具论。
同归无早晚，颍水有清源。
君思颍水绿，忽复归嵩岑。
归时莫洗耳，为我洗其心。
洗心得真情，洗耳徒买名。
谢公终一起，相与济苍生。

16. 贻蜀五首·张校书元夫

作者：元稹

未面西川张校书，书来稠叠颇相於。
我闻声价金应敌，众道风姿玉不如。
远处从人须谨慎，少年为事要舒徐。
劝君便是酬君爱，莫比寻常赠鲤鱼。

17. 赠崔侍郎

作者：李白

黄河二尺鲤，本在孟津居。
点额不成龙，归来伴凡鱼。
故人东海客，一见借吹嘘。
风涛倘相见，更欲凌昆墟。

18. 寄杨六侍郎（时杨初授户部，予不赴同州）

作者：白居易

西户最荣君好去，左冯虽稳我慵来。
秋风一箸鲈鱼鲙，张翰摇头唤不回。

19. 长平箭头歌

作者：李贺

漆灰骨末丹水沙，凄凄古血生铜花。

白翎金簳雨中尽，直馀三脊残狼牙。

我寻平原乘两马，驿东石田蒿坞下。

风长日短星萧萧，黑旗云湿悬空夜。

左魂右魄啼肌瘦，酪瓶倒尽将羊炙。

虫栖雁病芦笋红，回风送客吹阴火。

访古汍澜收断镞，折锋赤璺曾封肉。

南陌东城马上儿，劝我将金换簝竹。

20. 阌乡姜七少府设脍，戏赠长歌

作者：杜甫

姜侯设脍当严冬，昨日今日皆天风。

河冻未渔不易得，凿冰恐侵河伯宫。

饔人受鱼鲛人手，洗鱼磨刀鱼眼红。

无声细下飞碎雪，有骨已剁觜春葱。

偏劝腹腴愧年少，软炊香饭缘老翁。

落砧何曾白纸湿，放箸未觉金盘空。

新欢便饱姜侯德，清觞异味情屡极。

东归贪路自觉难，欲别上马身无力。

可怜为人好心事，于我见子真颜色。

不恨我衰子贵时，怅望且为今相忆。

21. 茅堂检校收稻二首

作者：杜甫

香稻三秋末，平田百顷间。

喜无多屋宇，幸不碍云山。

御夹侵寒气，尝新破旅颜。
红鲜终日有，玉粒未吾悭。
稻米炊能白，秋葵煮复新。
谁云滑易饱，老藉软俱匀。
种幸房州熟，苗同伊阙春。
无劳映渠碗，自有色如银。

22. 春寒

作者：白居易

今朝春气寒，自问何所欲。
酥暖薤白酒，乳和地黄粥。
岂惟厌馋口，亦可调病腹。
助酌有枯鱼，佐餐兼旨蓄。
省躬念前哲，醉饱多惭忸。
君不闻靖节先生尊长空，广文先生饭不足。

23. 食后

作者：白居易

食罢一觉睡，起来两瓯茶。
举头看日影，已复西南斜。
乐人惜日促，忧人厌年赊。
无忧无乐者，长短任生涯。

24. 闻官军收河南河北

作者：杜甫

剑外忽传收蓟北，初闻涕泪满衣裳。
却看妻子愁何在，漫卷诗书喜欲狂。
白日放歌须纵酒，青春作伴好还乡。
即从巴峡穿巫峡，便下襄阳向洛阳。

25. 答刘禹锡白太守行

作者：白居易

吏满六百石，昔贤辄去之。

秩登二千石，今我方罢归。

我秩讶已多，我归惭已迟。

犹胜尘土下，终老无休期。

卧乞百日告，起吟五篇诗。

朝与府吏别，暮与州民辞。

去年到郡时，麦穗黄离离。

今年去郡日，稻花白霏霏。

为郡已周岁，半岁罹旱饥。

襦袴无一片，甘棠无一枝。

何乃老与幼，泣别尽沾衣。

下惭苏人泪，上愧刘君辞。

26. 对酒

作者：李白

蒲萄酒，金叵罗，吴姬十五细马驮。

青黛画眉红锦靴，道字不正娇唱歌。

玳瑁筵中怀里醉，芙蓉帐底奈君何。

27. 采菱词

作者：储光羲

浊水菱叶肥，清水菱叶鲜。

义不游浊水，志士多苦言。

潮没具区薮，潦深云梦田。

朝随北风去，暮逐南风旋。

浦口多渔家，相与邀我船。

饭稻以终日，羹莼将永年。

方冬水物穷，又欲休山樊。

尽室相随从，所贵无忧患。

28. 及第后还家过岘岭

作者：李频

魏驮山前一朵花，岭西更有几千家。

石斑鱼鲊香冲鼻，浅水沙田饭绕牙。

29. 即事寄微之

作者：白居易

畲田涩米不耕锄，旱地荒园少菜蔬。

想念土风今若此，料看生计合何如。

衣缝纰颣黄丝绢，饭下腥咸白小鱼。

饱暖饥寒何足道，此身长短是空虚。

30. 伤农

作者：郑遨

一粒红稻饭，几滴牛颔血。

珊瑚枝下人，衔杯吐不歇。

31. 烹葵

作者：白居易

昨卧不夕食，今起乃朝饥。

贫厨何所有，炊稻烹秋葵。

红粒香复软，绿英滑且肥。

饥来止于饱，饱后复何思。

忆昔荣遇日，迨今穷退时。

今亦不冻馁，昔亦无馀资。

口既不减食，身又不减衣。

抚心私自问，何者是荣衰。

勿学常人意，其间分是非。

32. 端午

作者：李隆基

端午临中夏，时清日复长。

盐梅已佐鼎，曲蘖且传觞。

事古人留迹，年深缕积长。

当轩知槿茂，向水觉芦香。

亿兆同归寿，群公共保昌。

忠贞如不替，贻厥后昆芳。

33. 饮中八仙歌

作者：杜甫

知章骑马似乘船，眼花落井水底眠。

汝阳三斗始朝天，道逢麹车口流涎，恨不移封向酒泉。

左相日兴费万钱，饮如长鲸吸百川，衔杯乐圣称世贤。

宗之潇洒美少年，举觞白眼望青天，皎如玉树临风前。

苏晋长斋绣佛前，醉中往往爱逃禅。

李白斗酒诗百篇，长安市上酒家眠。

天子呼来不上船，自称臣是酒中仙。

张旭三杯草圣传，脱帽露顶王公前，挥毫落纸如云烟。

焦遂五斗方卓然，高谈雄辨惊四筵。

34. 观打鱼歌

作者：杜甫

绵州江水之东津，鲂鱼鱍鱍色胜银。

渔人漾舟沈大网，截江一拥数百鳞。

众鱼常才尽却弃，赤鲤腾出如有神。

潜龙无声老蛟怒，回风飒飒吹沙尘。
饔子左右挥双刀，脍飞金盘白雪高。
徐州秃尾不足忆，汉阴槎头远遁逃。
鲂鱼肥美知第一，既饱欢娱亦萧瑟。
君不见朝来割素鬐，咫尺波涛永相失。

35. 园人送瓜

作者：杜甫

江间虽炎瘴，瓜熟亦不早。
柏公镇夔国，滞务兹一扫。
食新先战士，共少及溪老。
倾筐蒲鸽青，满眼颜色好。
竹竿接嵌窦，引注来鸟道。
沈浮乱水玉，爱惜如芝草。
落刃嚼冰霜，开怀慰枯槁。
许以秋蒂除，仍看小童抱。
东陵迹芜绝，楚汉休征讨。
园人非故侯，种此何草草。

36. 饭僧

作者：王建

别屋炊香饭，薰辛不入家。
温泉调葛面，净手摘藤花。
蒲鲊除青叶，芹齑带紫芽。
愿师常伴食，消气有姜茶。

37. 题张十一旅舍三咏·蒲萄

作者：韩愈

新茎未遍半犹枯，高架支离倒复扶。

若欲满盘堆马乳，莫辞添竹引龙须。

38. 酒德

作者：孟郊

酒是古明镜，辗开小人心。

醉见异举止，醉闻异声音。

酒功如此多，酒屈亦以深。

罪人免罪酒，如此可为箴。

39. 食笋

作者：白居易

此州乃竹乡，春笋满山谷。

山夫折盈抱，抱来早市鬻。

物以多为贱，双钱易一束。

置之炊甑中，与饭同时熟。

紫箨坼故锦，素肌擘新玉。

每日遂加餐，经时不思肉。

久为京洛客，此味常不足。

且食勿踟蹰，南风吹作竹。

40. 重寄荔枝与杨使君，时闻杨使君欲种植故有落句之戏

作者：白居易

摘来正带凌晨露，寄去须凭下水船。

映我绯衫浑不见，对公银印最相鲜。

香连翠叶真堪画，红透青笼实可怜。

闻道万州方欲种，愁君得吃是何年。

41. 府酒五绝・辨味

作者：白居易

甘露太甜非正味，醴泉虽洁不芳馨。

杯中此物何人别，柔旨之中有典刑。

42. 石榴

作者：李商隐

榴枝婀娜榴实繁，榴膜轻明榴子鲜。

可羡瑶池碧桃树，碧桃红颊一千年。

43. 自咏豆花

作者：陈黯

玳瑁应难比，斑犀定不加。

天嫌未端正，满面与妆花。

44. 蔬食

作者：陆龟蒙

孔融不要留残脍，庾悦无端吝子鹅。

香稻熟来秋菜嫩，伴僧餐了听云和。

45. 过华清宫绝句三首

作者：杜牧

长安回望绣成堆，山顶千门次第开。

一骑红尘妃子笑，无人知是荔枝来。

新丰绿树起黄埃，数骑渔阳探使回。

霓裳一曲千峰上，舞破中原始下来。

万国笙歌醉太平，倚天楼殿月分明。

云中乱拍禄山舞，风过重峦下笑声。

46. 晋・庾悦鹅炙

作者：孙元晏

春暖江南景气新，子鹅炙美就中珍。

庾家厨盛刘公困，浑弗相贻也恼人。

47. 茶诗

作者：郑遨

嫩芽香且灵，吾谓草中英。
夜臼和烟捣，寒炉对雪烹。
惟忧碧粉散，常见绿花生。
最是堪珍重，能令睡思清。

48. 丽人行

作者：杜甫

三月三日天气新，长安水边多丽人。
态浓意远淑且真，肌理细腻骨肉匀。
绣罗衣裳照暮春，蹙金孔雀银麒麟。
头上何所有？翠微盍叶垂鬓唇。
背后何所见？珠压腰衱稳称身。
就中云幕椒房亲，赐名大国虢与秦。
紫驼之峰出翠釜，水精之盘行素鳞。
犀箸厌饫久未下，鸾刀缕切空纷纶。
黄门飞鞚不动尘，御厨络绎送八珍。
箫鼓哀吟感鬼神，宾从杂遝实要津。
后来鞍马何逡巡，当轩下马入锦茵。
杨花雪落覆白苹，青鸟飞去衔红巾。
炙手可热势绝伦，慎莫近前丞相嗔！

49. 蔬食

作者：陆龟蒙

孔融不要留残脍，庾悦无端吝子鹅。
香稻熟来秋菜嫩，伴僧餐了听云和。

50. 行路难·其一

作者：李白

金樽清酒斗十千，玉盘珍羞直万钱。
停杯投箸不能食，拔剑四顾心茫然。
欲渡黄河冰塞川，将登太行雪满山。
闲来垂钓碧溪上，忽复乘舟梦日边。
行路难，行路难，多歧路，今安在？
长风破浪会有时，直挂云帆济沧海。

51. 槐叶冷淘

作者：杜甫

青青高槐叶，采掇付中厨。
新面来近市，汁滓宛相俱。
入鼎资过热，加餐愁欲无。
碧鲜俱照箸，香饭兼苞芦。
经齿冷于雪，劝人投此珠。
愿随金騕褭，走置锦屠苏。
路远思恐泥，兴深终不渝。
献芹则小小，荐藻明区区。
万里露寒殿，开冰清玉壶。
君王纳凉晚，此味亦时须。